21 世纪本科院校土木建筑类创新型应用人才培养规划教材

特种结构

主编　孙　　克

主审　史三元

U0201551

北京大学出版社

PEKING UNIVERSITY PRESS

内 容 简 介

本书主要研究挡土墙、建筑深基坑、贮液池、水塔、筒仓、电视塔等特种结构的内力和变形，并对其强度、刚度及稳定性进行设计；从作用、荷载组合、内力分析、内力组合、截面设计及构造要求上进行详尽讲解，以提高学生的分析能力及解决工程问题的能力。

本书可作为高等院校土木工程专业的教材，也可作为土木工程设计、施工、科研及管理等相关人员的学习参考书。

图书在版编目 (CIP) 数据

特种结构 / 孙克主编 . —北京：北京大学出版社，2016.5
（21 世纪本科院校土木建筑类创新型应用人才培养规划教材）
ISBN 978-7-301-27067-7

Ⅰ . ①特… Ⅱ . ①孙… Ⅲ . ①建筑结构－高等学校－教材 Ⅳ . ① TU3

中国版本图书馆 CIP 数据核字 (2016) 第 079140 号

书　　　　名	特种结构
	Tezhong Jiegou
著作责任者	孙　克　主编
策 划 编 辑	卢　东
责 任 编 辑	伍大维
标 准 书 号	ISBN 978-7-301-27067-7
出 版 发 行	北京大学出版社
地　　　　址	北京市海淀区成府路 205 号　100871
网　　　　址	http://www.pup.cn　新浪微博：@ 北京大学出版社
电 子 信 箱	pup_6@163.com
电　　　　话	邮购部 010-62752015　发行部 010-62750672　编辑部 010-62750667
印 刷 者	北京虎彩文化传播有限公司
经 销 者	新华书店
	787 毫米 ×1092 毫米　16 开本　12 印张　278 千字
	2016 年 5 月第 1 版　2021 年 7 月第 3 次印刷
定　　　　价	30.00 元

前　　言

特种结构是指除普通的工业与民用建筑结构、交通土建工程、矿山、码头和水利水电工程研究对象以外，在土木工程中有广泛用途、功能比较特殊，且结构的作用及结构的形式比较复杂的工程结构。本书结合特种结构的发展趋势，按照土木工程专业本科教育人才培养目标及教学大纲要求，根据最新规范及土木工程对技术人才的需求情况，结合编者多年的教学经验编写。

本书注重先进性与实用性相结合，注重新规范和新成果的引用，通过具体算例和设计方法来阐述实际问题的解决思路，力求重点突出，简明实用。全书具有以下特色。

(1) 注重对基本概念及理论的准确掌握，通过例题来讲解设计方法的运用，以提高学生解决实际问题的能力。

(2) 力图对新设计方法和理论进行讲述，以加强学生对新规范及相关概念的理解和运用。

(3) 本书根据《混凝土结构设计规范》(GB 50010—2010)、《建筑抗震设计规范》(GB 50011—2010)、《建筑地基基础设计规范》(GB 50007—2011)、《建筑结构荷载规范》(GB 50009—2012)、《建筑基坑支护技术规程》(JGJ 120—2012) 等最新规范编写。

(4) 每章详细介绍了结构形态、设计原理、计算方法及构造要求，既有整体的系统性，又有各章的独立性，适应多层次、不同专业方向的教学需要。

本书由河北工程大学孙克主编，由河北工程大学史三元教授主审。编者在编写过程中参阅了大量文献，在此特向相关作者表示衷心的感谢！

由于编者水平有限，书中的不足和疏漏之处恳请广大同仁及读者批评指正。

编　者
2015 年 12 月

目　　录

第1章　绪论 ⸺ 1

1.1　特种结构的研究对象与内容 ⸺ 2

1.2　特种结构的学习方法 ⸺ 5

本章小结 ⸺ 5

思考题 ⸺ 5

第2章　挡土墙 ⸺ 6

2.1　挡土墙概述 ⸺ 7

2.1.1　挡土墙的分类及适用范围 ⸺ 7

2.1.2　挡土墙设计的基本原则 ⸺ 7

2.2　重力式挡土墙 ⸺ 8

2.2.1　重力式挡土墙的构造特点 ⸺ 9

2.2.2　重力式挡土墙的设计计算 ⸺ 9

2.3　悬臂式挡土墙 ⸺ 14

2.3.1　悬臂式挡土墙的构造特点 ⸺ 14

2.3.2　悬臂式挡土墙的设计计算 ⸺ 15

2.4　扶臂式挡土墙 ⸺ 20

2.4.1　扶臂式挡土墙的构造特点 ⸺ 20

2.4.2　扶壁式挡土墙的设计计算 ⸺ 21

2.5　挡土墙的抗震验算 ⸺ 22

2.6　挡土墙计算例题 ⸺ 25

本章小结 ⸺ 32

思考题 ⸺ 33

习题 ⸺ 33

第3章　建筑深基坑 ⸺ 34

3.1　建筑深基坑概述 ⸺ 35

3.2　支护结构的类型及特点 ⸺ 35

3.3　基坑支护设计原则与内容 ⸺ 38

3.4　支护结构上的荷载及水、土压力
计算 ⸺ 39

3.4.1　土压力理论 ⸺ 39

3.4.2　水压力计算 ⸺ 48

3.5　基坑支护结构设计 ⸺ 49

3.5.1　悬臂式支护结构 ⸺ 49

3.5.2　单锚式支护结构 ⸺ 54

3.5.3　多层锚拉支护结构 ⸺ 58

3.6　基坑稳定性分析 ⸺ 62

3.6.1　整体抗滑移稳定性分析 ⸺ 62

3.6.2　抗倾覆稳定性分析 ⸺ 63

3.6.3　基底抗隆起稳定性分析 ⸺ 64

本章小结 ⸺ 66

思考题 ⸺ 67

习题 ⸺ 67

第4章　贮液池 ⸺ 68

4.1　贮液池概述 ⸺ 69

4.1.1　贮液池的定义、应用及尺寸的
确定 ⸺ 69

4.1.2　贮液池的类别 ⸺ 69

4.1.3　贮液池功能要求 ⸺ 70

4.1.4　贮液池稳定性要求 ⸺ 71

4.2　贮液池的荷载及其组合 ⸺ 72

4.2.1　贮液池的荷载计算 ⸺ 72

4.2.2　贮液池设计时的荷载组合 ⸺ 74

4.3　圆形贮液池 ⸺ 74

4.3.1　圆形贮液池的构造特点 ⸺ 74

4.3.2　池壁与顶底板的连接计算简化
方法 ⸺ 76

4.3.3　抗震构造要求 ⸺ 77

4.3.4　圆形水池池壁的内力计算 ⸺ 78

4.3.5　顶盖与底板计算 ⸺ 85

4.3.6　池壁截面设计 ⸺ 85

4.3.7　计算例题 ⸺ 86

4.4　矩形贮液池 ⸺ 91

4.4.1　矩形贮液池的分类 ⸺ 91

4.4.2 矩形贮液池的结构布置原则 ⋯⋯⋯ 92
4.4.3 矩形贮液池池壁的计算 ⋯⋯ 92
4.4.4 顶盖与底板计算 ⋯⋯⋯⋯ 101
4.4.5 矩形贮液池的构造要求 ⋯⋯ 101
4.4.6 计算例题 ⋯⋯⋯⋯⋯⋯ 103
本章小结 ⋯⋯⋯⋯⋯⋯⋯⋯⋯⋯ 107
思考题 ⋯⋯⋯⋯⋯⋯⋯⋯⋯⋯⋯ 107
习题 ⋯⋯⋯⋯⋯⋯⋯⋯⋯⋯⋯⋯ 108

第5章 水塔 ⋯⋯⋯⋯⋯⋯⋯⋯⋯⋯ 110
5.1 水箱 ⋯⋯⋯⋯⋯⋯⋯⋯⋯⋯⋯ 111
5.1.1 平底式水箱 ⋯⋯⋯⋯⋯ 111
5.1.2 英兹式水箱 ⋯⋯⋯⋯⋯ 113
5.1.3 倒锥壳式水箱 ⋯⋯⋯⋯ 113
5.2 水箱构造与设计 ⋯⋯⋯⋯⋯⋯ 114
5.2.1 水箱构造 ⋯⋯⋯⋯⋯⋯ 114
5.2.2 水箱设计 ⋯⋯⋯⋯⋯⋯ 115
5.3 塔身 ⋯⋯⋯⋯⋯⋯⋯⋯⋯⋯⋯ 119
5.3.1 塔身构造 ⋯⋯⋯⋯⋯⋯ 119
5.3.2 支架式塔身计算 ⋯⋯⋯ 120
5.3.3 筒壁式塔身计算 ⋯⋯⋯ 123
5.3.4 塔身抗震设计 ⋯⋯⋯⋯ 125
5.4 水塔基础 ⋯⋯⋯⋯⋯⋯⋯⋯⋯ 126
5.5 计算例题 ⋯⋯⋯⋯⋯⋯⋯⋯⋯ 126
本章小结 ⋯⋯⋯⋯⋯⋯⋯⋯⋯⋯ 127
思考题 ⋯⋯⋯⋯⋯⋯⋯⋯⋯⋯⋯ 128
习题 ⋯⋯⋯⋯⋯⋯⋯⋯⋯⋯⋯⋯ 128

第6章 筒仓 ⋯⋯⋯⋯⋯⋯⋯⋯⋯⋯ 129
6.1 筒仓的类别及结构 ⋯⋯⋯⋯⋯ 130
6.2 筒仓的布置原则 ⋯⋯⋯⋯⋯⋯ 131
6.2.1 浅仓的布置 ⋯⋯⋯⋯⋯ 132
6.2.2 深仓的布置 ⋯⋯⋯⋯⋯ 132
6.3 筒仓的荷载及效应组合 ⋯⋯⋯ 134
6.3.1 荷载分类及效应组合 ⋯ 134
6.3.2 贮料压力的计算 ⋯⋯⋯ 134
6.4 筒仓结构计算 ⋯⋯⋯⋯⋯⋯⋯ 138
6.4.1 一般规定 ⋯⋯⋯⋯⋯⋯ 138
6.4.2 浅仓的计算 ⋯⋯⋯⋯⋯ 138

6.4.3 深仓的计算 ⋯⋯⋯⋯⋯ 144
6.5 筒仓构造 ⋯⋯⋯⋯⋯⋯⋯⋯⋯ 145
6.6 计算例题 ⋯⋯⋯⋯⋯⋯⋯⋯⋯ 146
本章小结 ⋯⋯⋯⋯⋯⋯⋯⋯⋯⋯ 153
思考题 ⋯⋯⋯⋯⋯⋯⋯⋯⋯⋯⋯ 153
习题 ⋯⋯⋯⋯⋯⋯⋯⋯⋯⋯⋯⋯ 153

第7章 电视塔 ⋯⋯⋯⋯⋯⋯⋯⋯⋯ 154
7.1 电视塔概述 ⋯⋯⋯⋯⋯⋯⋯⋯ 155
7.2 电视塔所用的材料 ⋯⋯⋯⋯⋯ 157
7.3 混凝土电视塔结构设计的基本原则 ⋯⋯ 158
7.3.1 基本规定 ⋯⋯⋯⋯⋯⋯ 158
7.3.2 承载能力极限状态的计算
要求 ⋯⋯⋯⋯⋯⋯⋯⋯ 158
7.3.3 正常使用极限状态的验算
要求 ⋯⋯⋯⋯⋯⋯⋯⋯ 160
7.3.4 电视塔上的作用及计算 ⋯ 160
7.4 塔体的变形和内力计算 ⋯⋯⋯ 165
7.4.1 概述 ⋯⋯⋯⋯⋯⋯⋯⋯ 165
7.4.2 塔体变形和内力计算 ⋯ 166
7.4.3 钢筋混凝土塔筒承载力的
计算 ⋯⋯⋯⋯⋯⋯⋯⋯ 167
7.4.4 圆形筒塔的附加弯矩计算 ⋯ 168
7.5 塔楼的变形与内力计算 ⋯⋯⋯ 170
7.6 电视塔地基与基础计算 ⋯⋯⋯ 171
7.6.1 地基计算 ⋯⋯⋯⋯⋯⋯ 171
7.6.2 基础计算 ⋯⋯⋯⋯⋯⋯ 173
7.7 构造要求 ⋯⋯⋯⋯⋯⋯⋯⋯⋯ 175
7.7.1 钢筋混凝土 ⋯⋯⋯⋯⋯ 175
7.7.2 预应力混凝土 ⋯⋯⋯⋯ 176
7.7.3 塔体 ⋯⋯⋯⋯⋯⋯⋯⋯ 177
7.7.4 塔楼 ⋯⋯⋯⋯⋯⋯⋯⋯ 177
7.7.5 基础 ⋯⋯⋯⋯⋯⋯⋯⋯ 178
7.8 计算例题 ⋯⋯⋯⋯⋯⋯⋯⋯⋯ 178
本章小结 ⋯⋯⋯⋯⋯⋯⋯⋯⋯⋯ 182
思考题 ⋯⋯⋯⋯⋯⋯⋯⋯⋯⋯⋯ 182
习题 ⋯⋯⋯⋯⋯⋯⋯⋯⋯⋯⋯⋯ 182

参考文献 ⋯⋯⋯⋯⋯⋯⋯⋯⋯⋯⋯ 183

第1章
绪 论

本章教学要点

知识模块	掌握程度	知识要点
特种结构的概念	重点掌握	特种结构的研究对象、应用情况、特种结构的概念解释
研究的内容	掌握	对挡土墙、贮液池等有清楚的认识
学习的方法	了解	建筑物及构筑物相关规范、相关课程等

本章技能要点

技能要点	掌握程度	应用方向
对混凝土结构设计原理、工程力学等知识综合应用	掌握	解决建筑物及构筑物的设计计算

导入案例

壳体是特种结构设计中常用的一种形式，如大跨度建筑物顶盖、中小跨度屋面板、工程结构与衬砌、各种工业用管道压力容器与冷却塔、反应堆安全壳、无线电塔、贮液罐等。工程结构中采用的壳体多由钢筋混凝土制成。壳体的曲面也称无筋扁壳，可由直线或曲线旋转而形成，其大部分是正高斯曲率，或由直线或曲线平移而形成，也可根据特殊情况而形成复杂的曲面。壳体的内力和变形计算比较复杂，为了简化，对薄壳通常采用以下假设：材料是弹性的、均匀的，按弹性理论计算；壳体各点的位移比壳体厚度小得多，按照小挠度理论计算。

著名的中国国家大剧院也是壳体结构，位于天安门广场西侧、西长安街以南，由国家大剧院主体建筑及南北两侧的水下长廊、人工湖和绿地组成，是亚洲最大的剧院。

剧院外部为钢结构壳体，呈半椭球形，由多块钛金属板拼接而成；中部为渐开式玻璃幕墙，由多块超白玻璃巧妙拼接而成。壳体外环绕人工湖，各种通道和入口都设在水面下，行人需从一条 80m 长的水下通道进入演出大厅。整个建筑造型新颖、前卫，构思独特。每当夜幕降临时，透过渐开的"帷幕"，金碧辉煌的歌剧院尽收眼底，仿佛湖中的一颗明珠，璀璨夺目，是"北京新十六景"之一。

国家大剧院采用壳体结构图

国家大剧院内部共五层，分别设置有歌剧院、音乐厅、戏剧场和小剧场。游人可从北门入口进入，经东西两侧展厅，乘坐直达电梯抵达各演出厅。

特种结构，是指除普通的工业与民用建筑结构、交通土建工程、矿山、码头和水利水电工程研究对象以外，在土木工程中有广泛用途、功能比较特殊，且结构的作用及结构的形式比较复杂的工程结构。从事土木工程专业的人员，掌握特种结构的分析及设计施工是十分必要的。

▌**1.1** 特种结构的研究对象与内容

挡土墙、建筑深基坑、贮液池、水塔、筒仓、烟囱等，其结构大多采用钢筋混凝土结构（混凝土在行业用语中又称为"砼"），本课程主要讲述特种钢筋混凝土结构。

挡土墙是建筑工程、道路工程、桥梁工程、矿山工程和码头工程中应用很广的一种支挡结构，有自重式、薄壁式、板桩式等。

建筑深基坑结构（图 1.1）是随着城市高层建筑的大量修建而发展起来的一种新型特种结构，目前对其研究不是很深入，其实践超前于理论，设计方法还有待逐步完善，但其应用较广，本课程对其中较常用的结构进行分析讲解。

贮液池是市政工程中用途很广的特种结构，是可以贮存石油、水等液体的构筑物。对它分析设计的研究也比较多，其设计理论相对成熟。常用的水池多建造在地面和地下，按材料分为钢水池、钢筋混凝土水池、钢丝网水泥水池、砖石水池等，其中钢筋混凝土水池具有耐久性好、节约钢材、构造简单等优点，应用最广；按施工方法分为预制装配式水池和现浇整体式水池。目前推荐用预制圆弧形壁板与工字形柱组成池壁的预制装配式圆形水池；预制装配式矩形水池则用 V 形折板作池壁。作为一种水池，泳池是建筑工程中的一个重要部分。

随着人们生活水平的提高，现在别墅带私家泳池已不是新鲜事。泳池（图 1.2）采用不规则形状的池沿，再配合风景如画的环境，可以形成类似天然池塘或礁湖的效果。

图 1.1　建筑深基坑结构

图 1.2　泳池

水塔是储水和配水的高耸结构，是给水工程中常用的构筑物，用来保持和调节给水管网中的水量和水压，由水箱、塔身和基础三部分组成。水塔一样用于储水，不同于水池的是水塔用支架或支筒支承，按建筑材料分为钢筋混凝土水塔、钢水塔、砖石塔身与钢筋混凝土水箱组合的水塔。水箱也可用钢丝网水泥、玻璃钢和木材建造，过去欧洲曾建造过一些具有城堡式外形的水塔。法国有一座多功能的水塔，在最高处设置水箱，中部为办公用房，底层是商场。我国也有烟囱和水塔建在一起的双功能构筑物。

水塔（图 1.3）的形式常有圆柱壳式和倒锥壳式，在我国这两种形式应用最多，此外还有球形、箱形、碗形和水珠形等多种。

塔身一般用钢筋混凝土或砖石做成圆筒形，塔身支架多用钢筋混凝土刚架或钢构架。

水塔基础有钢筋混凝土圆板基础、环板基础、单个锥壳与组合锥壳基础和桩基础。当水塔容量较小、高度不大时，也可用砖石材料砌筑的刚性基础。

由我国援建的阿尔及利亚水塔容积 2500m³，总高度为 47.46m，球壳外径为 18.6m，采用了三种不同的厚度（图 1.4）。

(a) 圆柱壳式水塔　(b) 倒锥壳式水塔　(c) 球形水塔　(d) 箱形水塔

图 1.3　圆柱壳式、倒锥壳式及球形和箱形水塔　　　**图 1.4　阿尔及利亚水塔**

筒仓是贮存粒状和粉状松散物体（如谷物、面粉、水泥、碎煤、精矿粉等）的构筑物，是水泥、粮储和矿山中用途很广的一种结构。根据所用的材料，筒仓可做成钢筋混凝土筒仓、钢筒仓和砖砌筒仓。钢筋混凝土筒仓又可分为整体式浇筑和预制装配、预应力和非预应力的筒仓。从经济、耐久和抗冲击性能等方面考虑，我国目前应用最广泛的是整体浇筑的普通钢筋混凝土筒仓。

按照平面形状的不同，筒仓可做成圆形、矩形（正方形）、多边形和菱形，目前国内使用最多的是圆形和矩形（正方形）筒仓。按照贮料高度与直径或宽度的比例关系，可将筒仓划分为深仓和浅仓。深仓主要供长期贮料用，从深仓中卸料需用动力设施或人力；浅仓主要作为短期贮料用，可以自动卸料。

烟囱是工业中常用的构筑物，是把烟气排入高空的高耸结构，能改善燃烧条件，减轻烟气对环境的污染，主要用在工厂和北方的居民生活区供热系统的主要附属构筑物上，其设计、施工均较复杂。烟囱按建筑材料可分为砖烟囱、钢筋混凝土烟囱和钢烟囱三类。

钢筋混凝土烟囱多用于高度超过 50m 的烟囱，外形多为圆锥形，一般采用滑模施工。

其优点是自重较小，造型美观，整体性、抗风性和抗震性好，施工简便，维修量小。按内衬布置方式的不同，可分为单筒式、双筒式和多筒式。目前我国最高的单筒式钢筋混凝土烟囱为210m，最高的多筒式钢筋混凝土烟囱是秦岭电厂212m高的四筒式烟囱。现在世界上已建成的高度超过300m的烟囱达数十座，例如米切尔电站的单筒式钢筋混凝土烟囱高达368m。如图1.5所示为秦山核电站烟囱。

图1.5　秦山核电站烟囱

电视塔中常见的混凝土电视塔（图1.6），是塔体部分或全部由混凝土构成的电视塔，其组成包括塔体、桅杆、塔基础。塔基础顶面以上竖向布置的受力结构称为塔体。塔楼以上的塔体部分称为桅杆，主要用于安装发射天线，由混凝土和钢结构构成。塔体的中部或顶部的建筑由单层或多层空间组成，部分或全部挑出塔体外部的称为塔楼。在塔体和地基间承受塔体各种作用的结构称为塔基础。

其他特种构筑物包括核电站。如图1.7所示为大亚湾核电站。

图1.6　上海电视塔　　　　　　　图1.7　大亚湾核电站

1.2 特种结构的学习方法

"特种结构"是土木工程的一门专业课,它的前续课程有"材料力学""结构力学""钢筋混凝土结构""土力学与地基基础""工程结构抗震设计"等,只有学习了相关的前续课程才能够学习特种结构,前续课程是后续课程知识的基础。特种结构由于结构形式较为复杂,对结构的各种作用较难确定,因此给结构分析带来了较多困难。结构分析是一个关键环节,对研究结构工程专业方向的人员尤为重要,分析中应结合其复杂的构造设计。因此在学习特种结构时,应注意以下问题:

(1) 掌握荷载及其他作用的计算方法和组合方法,使得荷载及各种作用计算相对准确;

(2) 正确选用结构计算模型,考虑主要因素,忽略次要因素,以便使分析方法简便易行;

(3) 采用简单可行的结构分析方法,以提高分析速度,又使结果相对准确;

(4) 结合相关规范掌握各种特种结构设计的基本方法,既要满足强度、刚度、稳定性等基本要求,又要使计算模型和计算方法未考虑的因素和不足之处通过构造措施来解决;

(5) 学好本门课要有扎实的数学、力学和结构设计方面的知识;

(6) 注重用理论结合实践的方法来掌握特种结构知识,并使知识面扩大,以便解决工程实际问题。

本 章 小 结

本章介绍了特种结构的概念和本课程研究的内容,包括挡土墙、基坑支护、贮液池、水塔、筒仓、电视塔等。此外,还介绍了相关学习方法。

重点掌握特种结构的概念,以及课程的学习内容和方法。

思 考 题

1.1 特种结构的概念是什么?

1.2 特种结构研究的内容是什么?

1.3 特种结构有何特点?

第2章
挡 土 墙

本章教学要点

知识模块	掌握程度	知识要点
挡土墙的概念	掌握	工程作用、受力机理、应用情况、设计原则、分类
自重式挡土墙 悬臂式挡土墙 扶壁式挡土墙	掌握	受力机理、应用范围、特点
	掌握	构造要求：墙身的高度、墙顶宽度的规定，墙面及墙背坡度的规定
	重点掌握	设计计算内容：侧压力计算、强度计算、地基承载力验算、稳定性验算、扶壁式挡土墙的扶壁设计
	了解	抗震计算

本章技能要点

技能要点	掌握程度	应用方向
计算模型建立	掌握	将结构及构件抽象为计算模型、荷载的统计及组合、截面的设计

 导入案例

　　挡土墙（Retaining Wall）为一种建于坡地的构筑物，用以加固土坡或石坡，防止山崩，防止土块和石块落下，以保护行人和附近建筑物的安全，也可防止水土侵蚀。护土墙材料可以是石头、木材、砖或钢铁，有多种形式。挡土墙中常有排水设计，以防止水在护土墙后积聚，以免水压过大使护土墙倒塌。由于重力式挡土墙靠自重维持平衡稳定，因此体积、重量都大，在软弱地基上修建往往受到承载力的限制。如果墙太高，则耗费材料多，不经济。当地基较好，挡土墙高度不大，本地又有可用石料时，应当首先选用重力式挡土墙。重力式挡土墙一般不配钢筋或只在局部范围内配以少量的钢筋，墙高在 6m 以下，在地层稳定、开挖土石方时不会危及相邻建筑物安全的地段，其经济效益明显。

自重式挡土墙图

挡土墙坍塌图

2.1　挡土墙概述

保持结构物两侧的土体、物料有一定高差的结构，称为支挡结构。其中以刚性较大的墙体支承填土和物料并保证其稳定的称为挡土墙，是用来抵挡和防止土体坍落的构筑物。凡土体有突变的地方，都需要做挡土墙。

挡土墙在土木工程中得到广泛的应用，如公路、铁路、桥台、水利、港湾工程、水闸岸和建筑周围等。随着我国基本建设步伐的加快，在道路、水利、建筑和市政工程中对挡土墙的应用越来越多，因此，挡土墙的设计是否合理，直接影响工程的安全和经济效益。

2.1.1　挡土墙的分类及适用范围

挡土墙的分类方法很多，一般可按结构形式、建筑材料、施工方法及所处环境条件等进行划分。

按其结构形式及受力特点，常见的挡土墙可分为重力式、半重力式、衡重式、悬臂式、扶臂式、锚杆式、锚定板式、加筋土式、板桩式及地下连续墙等；按材料类型，可分为木质、砖、石砌、混凝土及钢筋混凝土挡土墙；按所处的环境条件，可分为一般地区、浸水地区和地震区等挡土墙。

挡土墙作为一种结构物，其类型是各式各样的，其适用范围取决于墙址地形、工程地质、水文地质、建筑材料、墙的用途、施工方法、技术经济条件及当地的经验积累等因素。

2.1.2　挡土墙设计的基本原则

挡土墙应保证填土及本身的稳定，另外墙身应具有足够的强度，以保证挡土墙的安全使用，同时设计中还要做到经济合理。因此，挡土墙的设计应遵循以下基本原则。

（1）挡土墙必须保证结构安全正常使用，因此应满足以下要求：

①挡土墙不能滑移；

②挡土墙不能倾覆；

③挡土墙墙身要有足够的强度；

④挡土墙的基础要满足承载力的要求。

（2）根据工程要求以及地形地质条件，确定挡土墙结构的平面布置和高度，选择挡土墙的类型及截面尺寸。

（3）在满足规范要求的前提下使挡土墙结构与环境协调。

（4）为保证挡土墙的耐久性，在设计中还需对使用过程的维修给出相应规定。

2.2 重力式挡土墙

重力式挡土墙一般由砖、石、混凝土制成，由土压力所引起的倾覆力矩靠挡土墙自重产生的抵抗力矩来平衡和稳定，同时对砖、石砌体又不允许出现受拉面，致使结构的体积庞大。但此类挡土墙不需要钢材，且能就地取材。重力式挡土墙是公路工程、铁路工程、水利工程、港口工程、矿山工程和建筑工程中常见的一种挡土墙，可用石砌或混凝土浇筑，一般截面都做成梯形，如图 2.1 所示。它的优点是能就地取材，施工方便，经济效益好。

墙背一侧较高的土体称为回填土。在墙背后，不论是填充土还是未经扰动的土体或其他物料，均称为回填土。墙背填土表面的荷载称为超载。挡土墙回填土一侧称为墙背，墙的另一侧为墙面，墙背与基底的相交处称为墙踵，墙面与基底相交处称为墙趾。墙面、墙背的倾斜度是指两者与垂直面的夹角，通常工程中常用单位竖直高度与斜面相应水平投影长度之比来表示，如墙背侧斜度为 1:n（图 2.1）。

由于重力式挡土墙靠自重维持平衡，因此体积和重量都较大，在较弱地基上修建往往受到承载力的限制。当地基情况较好，挡土墙高度不大，本地又有可用的石料时，可首选重力式挡土墙。重力式挡土墙高一般适用于 6m 以下，当墙高大于 6m 时采用其他形式的挡土墙更为经济。重力式挡土墙可根据其墙背的坡度，分为仰斜式 [图 2.2(a)]、垂直式 [图 2.2(b)] 和俯斜式 [图 2.2(c)] 三种类型。

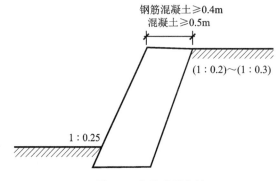

图 2.1　自重式挡土墙

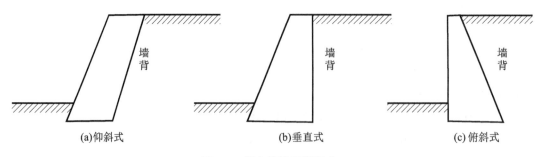

图 2.2　挡土墙的三种形式

按照土压力理论，仰斜墙背的主动土压力最小，而俯斜墙背的主动土压力最大，垂直墙背介于两者之间。

2.2.1　重力式挡土墙的构造特点

重力式挡土墙的截面尺寸随墙的截面形式和墙的高度而变化。墙面坡度和墙背坡度一般选在（1:0.2）～（1:0.3）之间，但为了保证墙身稳定和避免施工困难，墙背坡度不宜小于 1:0.25，墙面宜尽量与墙背平行（图 2.1）。

当地面坡度较陡、墙背垂直时，墙面坡度可取（1:0.05）～（1:0.2）；当地势平坦时，挡土墙的坡度可较缓，但不宜缓于 1:0.4。

采用混凝土块或石砌的挡土墙，墙顶宽不宜小于 0.5m；对整体浇筑的素混凝土墙，墙顶宽不应小于 0.4m；对钢筋混凝土挡土墙，墙顶宽不应小于 0.2m。而墙底宽应根据计算最后确定。

当墙身高度超过一定限度时，基底压应力往往是控制截面尺寸的重要因素。为了使基底压应力不超过地基承载力，可在墙底加设墙趾台阶，这也对挡土墙的抗倾覆稳定有利。墙趾的高度与高宽比，应按材料的刚性角确定，墙趾台阶连线与竖直线之间的夹角 θ 对石砌挡土墙不大于 35°，混凝土挡土墙不大于 45°。一般趾宽不大于墙高的 1/20，也不应小于 0.1m，墙趾高度应按刚性角确定，但不宜小于 0.4m。

伸缩缝为每隔 10 ～ 20m 设置一道。

2.2.2　重力式挡土墙的设计计算

1. 作用于挡土墙上的荷载

1）作用于挡土墙上的荷载分类

按其作用性质，可将作用在挡土墙的荷载分为以下两种。

（1）永久荷载。是指长期作用在挡土墙上的不变荷载，如挡土墙的自重、土压力、浮力、地基反力及摩擦力等。

（2）可变荷载。主要是指作用在挡土墙上的活荷载、动荷载、波浪压力、洪水水压力及浮力、温度应力和地震作用等。

2）荷载计算

（1）挡土墙自重。计算公式为

$$G = \gamma_s V \tag{2.1}$$

式中：γ_s ——挡土墙的重度（kN/m³）；

V ——挡土墙每延米长度的体积（m³/m）。

（2）土压力。按库仑土压力计算公式确定。

（3）静水压力。垂直作用于挡土墙某一点的静水压力强度为

$$p = \gamma_w H_1 \tag{2.2}$$

式中：γ_w——水的重度，取为 9.8 kN/m³；

     H_1——计算点到水面的垂直距离（m）。

（4）动水压力。当水流流经挡土墙时，由于流向流速的改变，水流将对挡土墙产生动水压力作用，一般可由下式计算：

$$p_d = k\gamma_w\omega\bullet(v^2/g)\bullet(1-\cos\alpha)/\sin\alpha \qquad (2.3)$$

式中：p_d——作用于挡土墙上的动水压力（kN）；

     k——水流绕流系数，与挡土墙形状有关，一般可取为 1.0；

     ω——水流作用于挡土墙的面积（m²），当取 1m 宽计算时 $\omega=1\times H$，H 为水深；

     α——水流流向与挡土墙面之间的夹角（°）；

     v——水流平均速度（m/s）；

     g——重力加速度，取为 9.8 m/s²。

动水压力分布，可假定为倒三角形，其合力作用点到水平面为水深的 1/3。当流速大于 10 m/s 时，尚应考虑水深的脉动冲击。

（5）波浪压力。濒临湖海、水库及较大的江河的挡土墙或护岸，波浪的冲击压力及波浪滚退时的动水压力作用，常是挡土墙等构筑物破坏的重要因素。计算波浪压力需要确定计算风速值、有效吹程、波浪要素、水面的风高度及波浪压力图形，具体计算方法可参见相关文献。

（6）浮力。作用于挡土墙基础上的浮力可由下式计算：

$$G_F = \gamma_w V_1 \qquad (2.4)$$

式中：γ_w——水的重度；

     V_1——墙体水下部分的体积。

3）荷载效应组合

挡土墙必须具有足够的整体稳定性和结构强度。设计时应验算挡土墙在土压力作用下和其他外荷载作用下沿基底的滑移稳定性，验算墙身抗倾覆稳定性，验算墙身强度及地基承载力。在考虑挡土墙不同的计算项目时，如整体稳定、墙身稳定计算，应根据使用时的情况和工作条件进行荷载组合。在荷载组合时应遵循如下原则：按实际可能同时出现的最不利组合考虑。挡土墙设计时，应根据使用过程中在结构上可能出现的荷载，按承载力极限状态和正常使用极限状态分别进行荷载效应组合。

对于承载力极限状态，应采用荷载效应的基本组合和偶然组合进行设计，其表达式为

$$\gamma_0 S \leqslant R \qquad (2.5)$$

式中：γ_0——结构重要性系数，按其重要性分为三级，分别取为 1.1、1.0、0.9；

     S——荷载效应组合的设计值；

     R——结构抗力设计值。

对挡土墙的基本组合，其荷载效应组合的设计值应按下式确定：

$$S = \gamma_G S_{Gk} + \gamma_{Q1}S_{Q1k} + \sum\gamma_{Qi}\psi_{ci}S_{Qik} \qquad (2.6)$$

式中：γ_G——永久荷载的安全分项系数，在进行挡土墙墙身强度计算时可取 γ_G =1.0，对

抗滑移、抗倾覆有利的永久荷载取 0.9；

γ_{Q1}、γ_{Qi}——分别为第 1 个和第 i 个可变荷载的安全分项系数，一般不利时取 1.4；

S_{Gk}——永久荷载标准值产生的效应；

S_{Q1k}——第 1 个可变荷载标准值产生的效应，一般为最主要的可变荷载；

S_{Qik}——第 i 个可变荷载标准值；

ψ_{ci}——第 i 个可变荷载组合系数，当与风荷载组合时取 0.8，当无风荷载参与组合时取 1.0。

2. 挡土墙的稳定验算

1）作用在挡土墙上的荷载效应组合

根据《建筑地基基础设计规范》规定，验算挡土墙的稳定性，应用基本荷载组合进行计算，各分项系数取值按照下列原则：当为自重与土压力组合进行计算时，分项系数按有利时取 0.9，不利时取 1.0，而可变荷载分项系数取 1.4。挡土墙的被动土压力一般不予考虑，当基础较深，地基稳定，不受水流冲刷和扰动破坏时，结合墙身的稳定条件可考虑被动土压力。在浸水和地震等特殊情况下，按偶然作用组合考虑。

2）一般地区挡土墙的稳定验算

挡土墙的整体稳定应按照国家有关规范，根据一般地区挡土墙的受力进行验算。

具体验算如下。

（1）抗滑移稳定验算。验算公式为

$$K_s = (G_n + E_{an})\mu / (E_{at} - G_t) \geqslant 1.3 \tag{2.7}$$

（2）抗倾覆稳定验算。验算公式为

$$K_1 = (Gx_0 + E_{az}x_f) / E_{ax}z_f \geqslant 1.6 \tag{2.8}$$

抗滑移和抗倾覆效应如图 2.3 所示。

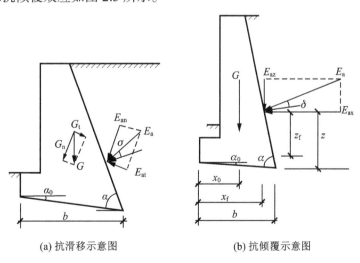

(a) 抗滑移示意图　　　　(b) 抗倾覆示意图

图 2.3　抗滑移和抗倾覆效应

式中：G——挡土墙每延米自重；

E_a——挡土墙每延米土压力；

x_0——挡土墙重心离墙趾的水平距离；

μ——土对挡土墙基底的摩擦系数（表 2.1）；

G_t——平行于基底的重力分力，$G_t = G\sin\alpha_0$；

G_n——垂直于基底的重力分力，$G_n = G\cos\alpha_0$；

E_{at}——平行于基底的土压力分力，$E_{at} = E_a\sin(\alpha - \alpha_0 - \delta)$；

E_{an}——垂直于基底的土压力分力，$E_{an} = E_a\cos(\alpha - \alpha_0 - \delta)$；

E_{ax}——水平方向的土压力分力，$E_{ax} = E_a\sin(\alpha - \delta)$；

E_{az}——垂直方向的土压力分力，$E_{az} = E_a\cos(\alpha - \delta)$；

x_f——土压力作用点离墙趾的水平距离，$x_f = b - z\cot\alpha$；

z_f——土压力作用点离墙趾的垂直距离，$z_f = z - b\tan\alpha_0$；

α、α_0——挡土墙的基底倾角；

δ——土对挡土墙墙背的摩擦角（表 2.2）；

b——基底的水平投影宽度；

z——土压力作用点离墙踵的高度。

表 2.1 土对挡土墙基底的摩擦系数 μ

土的类别		摩擦系数
黏性土	可塑	0.25 ～ 0.30
	硬塑	0.30 ～ 0.35
	坚硬	0.35 ～ 0.45
黏土		0.30 ～ 0.40
中砂、粗砂、砾砂		0.40 ～ 0.50
碎石土		0.40 ～ 0.60
软质岩石		0.40 ～ 0.60
表面粗糙的硬质岩石		0.65 ～ 0.75

注：1. 对于易风化的软质岩石和塑性指数 I_p 大于 22 的黏性土，基底的摩擦系数还应通过试验确定。

2. 对于碎石土，可根据密实度、填充度状况、风化程度来确定。

表 2.2 土对挡土墙墙背的摩擦角 δ

挡土墙情况	摩擦角
墙背平滑，排水不良	$(0 \sim 0.33)\varphi$
墙背粗糙，排水良好	$(0.33 \sim 0.5)\varphi$
墙背很粗糙，排水良好	$(0.5 \sim 0.6733)\varphi$
墙背与填土之间不可能滑动	$(0.67 \sim 1.033)\varphi$

注：φ 为墙背填土的内摩擦角。

（3）挡土墙本身的强度验算。

包括偏压计算、抗弯验算、抗剪验算，参照《砌体结构设计规范》。

（4）地基承载力验算。按基础工程相关内容来计算。

基底偏心距求法如图 2.4 所示。

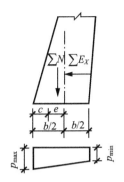

图 2.4　挡土墙基底受力图

$$e = \frac{b}{2} - c = \frac{\sum M_R - \sum M_S}{\sum N} \leqslant \begin{cases} b/6(\text{土质地基}) \\ b/4(\text{岩土地基}) \end{cases} \quad (2.9)$$

式中：e——基底偏心距；

$\quad\quad c$——基底合力点距墙趾端点的距离。

①基底应力验算。

当 $e \leqslant \dfrac{b}{6}$ 时：

$$p_{\min}^{\max} = \frac{\sum N}{b}\left(1 \pm \frac{6e}{b}\right) \quad (2.10)$$

当 $e > \dfrac{b}{6}$ 时：

$$p_{\max} = \frac{2\sum N}{3c} \quad (2.11)$$

偏心荷载作用下，承载力应满足以下关系：

$$p_{\max} \leqslant 1.2 f_a \quad (2.12)$$

$$\frac{p_{\max} + p_{\min}}{2} \leqslant f_a \quad (2.13)$$

式中：$p_{\max}$——基底最大压应力；

$\quad\quad p_{\min}$——基底最小压应力；

$\quad\quad f_a$——修正后的地基承载力特征值。

②软弱下卧层验算。验算公式为

$$p_z + p_{cz} \leqslant f_{az} \quad (2.14)$$

式中：p_z——软弱下卧层顶面处的附加应力设计值；

$\quad\quad p_{cz}$——软弱下卧层顶面处的自重应力设计值；

$\quad\quad f_{az}$——软弱下卧层顶面处经深度修正后地基承载力特征值。

当基底下受力层范围内有软弱土层时，应按滑移面进行验算，验算公式为

$$K_s = \frac{M_R}{M_S} \geqslant 1.2 \quad (2.15)$$

式中： M_R ——作用滑移体上对滑移中心的抗滑力矩；

M_S ——作用滑移体上对滑移中心的滑力矩。

3）浸水地区挡土墙的稳定验算

浸水地挡土墙后填土采用岩块或沙土，且留有足够泄水孔时，可不考虑挡土墙前后的静水压力及墙后的动水压力，主要考虑水位以下挡土墙本身及填料的浮力。挡土墙的计算水位采用最不利水位。计算时考虑浮力影响，其他同一般地区情况的验算方法。

2.3 悬臂式挡土墙

根据挡土高度的大小，薄壁式挡土墙可做成无肋角式（悬臂式）和有肋角式（扶臂式），如图 2.5 及图 2.6 所示。悬臂式挡土墙由钢筋混凝土制成。

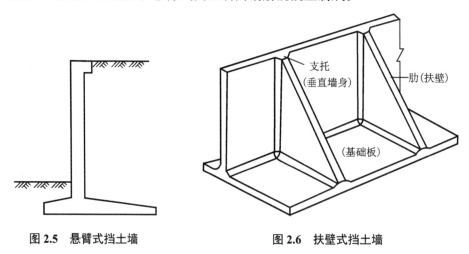

图 2.5　悬臂式挡土墙　　　　　　　图 2.6　扶壁式挡土墙

2.3.1　悬臂式挡土墙的构造特点

悬臂式挡土墙是钢筋混凝土挡土墙的主要形式之一。它是一种轻型支挡结构，依靠墙身的重力及底板以上的填土的重力来维持其平衡。

悬臂式挡土墙的构造如图 2.7 所示，是由墙身、墙趾板和墙踵板构成，由于这种挡土墙抗弯能力强、稳定性好，可用在挡土墙高度很高的土坡边上，其构造要求如下。

1．墙身

（1）一般悬臂式挡土墙的内侧做成竖直面，墙面可做成（1∶0.02）～（1∶0.05）的斜坡，具体坡度应根据挡土墙的高度确定，当挡土墙的高度较小时，墙身可做成等厚度的；当挡土墙的高度较大时，墙面坡度应取大些。墙顶的最小厚度一般取为 200～300mm。当挡土墙高度为 5m 以下时，常用无肋角式挡土墙（又称悬臂式挡土墙），为了节省混凝土，墙身常做成上小下大的变截面。有时在墙身与底板连接处做有支托，也有将底板反向设置的情况。

（2）为了消除水压影响，减少墙背面的水平推力，墙后应做好排水措施。

当墙后填料是砂砾土时，可在墙背底部设置一层干净疏松的卵石排水层，在墙身中间每隔 3m 左右设置 10～15cm 孔径的泄水孔。

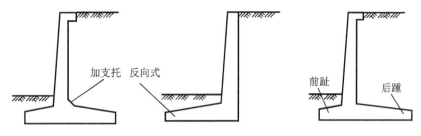

图 2.7　悬臂式挡土墙的构造

当填土为黏土或其他低孔隙率土时，墙背面应先铺设一层卵石，并配有泄水孔，以排除后填土中的水分。在墙后填土时，应采用严格的分层夯填方法，不宜任意堆填。在季节性冻土地区，墙后填土宜选用非冻胀性土。

（3）墙面较长时，宜采用分段施工，以减少收缩影响。伸缩缝间距可取 20～30m。

2. 底板

底板由墙趾板和墙踵板组成。基础底板的厚度宜与墙身下端的厚度相等，底板一般水平设置，做成变厚度板，底面为水平。其前趾和后踵宜顶面做出斜度，这样既可节省混凝土，也有利于排水。踵板的长度由抗滑移稳定验算确定，根部厚度一般取为 1/12～1/10 墙踵板长，且不应小于 200mm。墙趾板的长度由抗倾覆稳定验算、基底应力和偏心距大小等条件来确定，一般可取为 0.15～0.3 倍的墙底板宽度 B。底板总宽度 B 按整体稳定条件决定，一般取（0.6～0.8）H（H 为墙高）。

为了提高挡土墙的抗滑移能力，底板有时要设置凸榫。

2.3.2　悬臂式挡土墙的设计计算

设计计算内容包括：墙背侧压力计算；确定垂直墙身尺寸及垂直墙身计算；确定基础底板尺寸及土的承载力验算；底板配筋计算；稳定性验算。

为了简化计算及偏于安全起见，可忽略墙身前被动土压力的影响和墙身后面的填土与墙身间的摩擦力。

1. 侧压力计算

（1）无地下水或排水良好时（图 2.8），计算公式为

$$E = E_1 + E_2 = \frac{1}{2}\gamma H^2 \tan^2\left(45° - \frac{\varphi}{2}\right) + qH\tan^2\left(45° - \frac{\varphi}{2}\right) \qquad (2.16)$$

式中：E——挡土墙的侧压力（kN/m^2）；

　　　E_1——土产生的侧压力（kN/m^2）；

　　　E_2——堆积荷载产生的侧压应力（kN/m^2）；

　　　γ——土的重度（kN/m^3）。

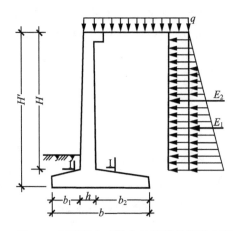

图 2.8　无地下水或排水良好时的侧压力图

（2）有地下水时（图 2.9），计算公式如下。

地下水位处：

$$P_a'' = \lambda H_w \tan^2\left(45° - \frac{\varphi}{2}\right) \tag{2.17}$$

地下水位以下部分：

$$P_a = [\gamma H_w + (\gamma_s - \gamma_w)(H - H_w)]\tan^2\left(45° - \frac{\varphi}{2}\right) + \gamma_w(H - H_w) \tag{2.18}$$

式中：H——垂直强生的高度（m）；

$\quad\quad \varphi$——土的内摩擦角；

$\quad\quad P_a''$——地下水位处的土压应力值（kN/m²）；

$\quad\quad P_a$——垂直墙身底部侧压应力值（kN/m²）；

$\quad\quad H_w$——墙顶至地下水位的高度（m）；

$\quad\quad q$——堆积荷载值（kN/m²）；

$\quad\quad \gamma_s$——土的饱和重度（kN/m³）；

$\quad\quad \gamma_w$——水的重度（kN/m³）。

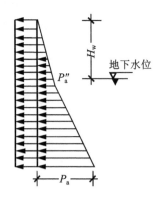

图 2.9　有地下水时的侧压力图

2. 垂直墙身计算

墙身嵌固在基础板中，每延米的设计嵌固弯矩值为

$$M = \gamma_0 \left(\gamma_G E_1 \frac{H}{3} + \gamma_Q E_2 \frac{H}{2} \right) \qquad (2.19)$$

根据此嵌固弯矩，计算挡土墙垂直墙身底部厚度 h 和配筋。由于沿墙身高度的弯矩从底部向上逐渐变小，至顶部其弯矩为零，因而墙身厚度和配筋沿墙高可逐渐减小。一般只将底部钢筋的 1/2～1/3 伸至顶端，其余钢筋可交替在墙高中部的一处或两处切断。受力钢筋应靠近墙身内侧面（背面），垂直配置；而水平分布钢筋应和该垂直钢筋绑扎在一起形成一个整体网片，分布筋宜用 Φ10@300。如墙身较厚（一般超过 200mm），为防止墙外侧面（正面）产生收缩与温度裂缝，可在墙外侧面内配置 Φ10@300 纵横交织的构造钢筋网。求出弯矩后根据钢筋混凝土知识配筋即可。

3. 确定基础板尺寸并验算基础板下土的承载力

首先假定底板宽度 b、前趾宽度 b_1 及底板厚度，G_1、G_2、G_3、G_4 的重心至墙趾的竖向基准线的距离为 a_1、a_2、a_3、a_4，墙身高度 H'、垂直墙身自重 G_1、基础板自重 G_2、墙后踵板 b_2 宽度内所压土重 G_3，以及活荷载 G_4，土的侧压力 E_1、E_2，然后可求得基础偏心距 e_0 值（图 2.10）：

$$e_0 = \frac{b}{2} - \frac{(G_1 a_1 + G_2 a_2 + G_3 a_3 + G_4 a_4) - (E_1' H' / 3 + E_2' H' / 2)}{G_1 + G_2 + G_3 + G_4} \qquad (2.20)$$

当 $e_0 \leqslant \dfrac{b}{6}$（全部受压）时：

$$\sigma_{\min}^{\max} = \frac{\sum G}{b} \left(1 \pm \frac{6e_0}{b} \right)$$

当 $e_0 > \dfrac{b}{6}$（部分受压）时：

$$\sigma_{\max} = \frac{2}{3c} \sum G$$

要求满足：

$$\frac{\sigma_{\max} + \sigma_{\min}}{2} \leqslant f_a, \quad \sigma_{\max} \leqslant 1.2 f_a$$

式中：f_a——修正后的地基承载力特征值。

当不满足要求时，需要调整底板宽度。

4. 基础板配筋计算

垂直墙身前的基础板（前趾），在土的反力作用下引起向上弯曲（图 2.11）。在设计时，一般可忽略前趾板自重及其上所压少量土体的作用（因板自重很小，其上土体荷重在使用过程中有可能被移走）。这样，计算求得的钢筋应配置在前趾板的下部。垂直墙身后的基础板（后踵），承受 G_3、G_4 和部分 G_2 的向下荷载以及土反力引起的向上荷载的共

同作用，使基础板后踵向下弯曲。计算求得的钢筋应配置在基础板的上部。

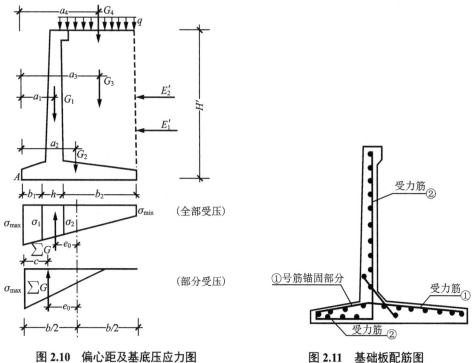

图 2.10 偏心距及基底压应力图

图 2.11 基础板配筋图

5. 稳定性验算

挡土墙在侧压力作用下，应考虑墙的抗倾覆和抗滑移的稳定性。

（1）抗倾覆要求为

$$\frac{M_{AG}}{M_A} \geq 1.6 \qquad (2.21)$$

（2）抗滑移要求为

$$\frac{\mu \sum G}{P_w} \geq 1.3 \qquad (2.22)$$

式中：μ——基础底面摩擦系数，应根据实验资料确定，也可查表 2.2；

P_w——挡土墙的滑移力。

在软基上的挡土墙要进行深层滑移验算，详见有关地基基础书籍。当稳定性不够时，应采取相应措施。

6. 提高稳定性的措施

提高稳定性的常用措施有如下几种。

1）减少土的侧压力

（1）墙后填土换成块石，增加内摩擦角 φ 值，从而减少侧压力。

（2）在挡土墙竖壁中部设减压平台（图 2.12），平台长度最好伸出土体滑裂面以外，以提高其减少侧压力的效果。此种做法常用于扶壁式挡土墙。

2) 增加墙后底板挑出长度

一般有两种做法：

（1）在原基础底板后面加设抗滑拖板，它和原底板铰接连接，如图 2.13（a）所示；

（2）把原底板后踵部分加长，这样可增加墙背后面堆土重，使抗倾覆和抗滑移能力提高，如图 2.13（b）所示。

图 2.12 设置减压平台

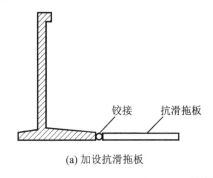

(a) 加设抗滑拖板   铰接 抗滑拖板

(b) 后踵部分加长   加长部分

图 2.13 抗滑移措施图

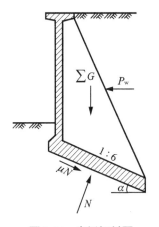

图 2.14 底板倾斜图

3) 增大基础抗滑能力

挡土墙通过加长基础板可提高抗倾覆能力，但抗滑移能力提高不多，当然可以通过把基础板的后踵更多地加长或加卸压平台、换填土等方法来解决抗滑移问题，但有时不一定经济。下面介绍三种增大基础抗滑能力的方法。

（1）在基础板底面夯填 30～50cm 厚的碎石，增加摩擦系数。

（2）基础板做成倾斜面（图 2.14）。一般要求倾斜角 $\alpha \leqslant 10°$。

由平衡条件可知：

$$N = \sum G \cos\alpha + P_\text{w} \sin\alpha \tag{2.23}$$

抗滑力为

$$F = \mu N = \mu(\sum G \cos\alpha + P_\text{w} \sin\alpha) \tag{2.24}$$

滑动力为

$$F = P_\text{w} \cos\alpha - \sum G \sin\alpha \tag{2.25}$$

当基础板倾斜坡度为 1:6 时，$\cos\alpha=0.986$，$\sin\alpha=0.164$，由以上公式可看出其抗滑力提高了，而滑动力减少了。但当地基土强较低时，应避免使用此方法。

（3）设防滑键（齿坎）。防滑键的做法如图 2.15 所示，键的高度 h_j 与键离前趾端部

A 点的距离 a_j 的比例，宜满足下列关系：

$$\frac{h_j}{a_j} = \tan\left(45° - \frac{\varphi}{2}\right) \tag{2.26}$$

齿坎产生的被动土压力为

$$E_p = \frac{\sigma_{max} + \sigma_b}{2} \tan^2\left(45° + \frac{\varphi}{2}\right) h_j \tag{2.27}$$

当键的位置满足上式时，被动土压力 E_p 值最大。

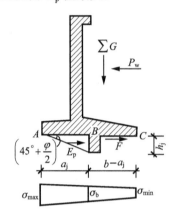

图 2.15　设防滑键简图

键后面土和基础底板间的摩擦力 F 为

$$F = \frac{\sigma_b + \sigma_{min}}{2}(b - a_j)\mu \tag{2.28}$$

最后满足：

$$\frac{\Psi_p E_p + F}{P_w} \geqslant 1.3 \tag{2.29}$$

式中：Ψ_p——考虑被动土压力 E_p 不能充分发挥的影响系数，建议取 0.5。

当有地下水浮托力的时候，σ_{max}、σ_b、σ_{min} 中要减去其影响。

2.4　扶臂式挡土墙

2.4.1　扶臂式挡土墙的构造特点

扶臂式挡土墙由立板、底板、扶壁组成。在墙身较高的情况下（一般大于 5m 时），采用无肋角式挡土墙会导致墙身过厚而不经济，此时常采用有肋角式挡土墙，也称扶壁式挡土墙，如果墙身更高，可考虑加设横梁、横板，将各段扶壁连缀起来；若横梁间距安排得当，使上下梁间墙身的最大弯矩相等，可得到墙身上下厚度大体一致的结果。加设横板有一定宽度时，还可起到卸压作用。如果扶壁中的剪应力值不大，也可做成空腹式扶壁，以节约混凝土，但此法有使施工复杂的缺点。扶壁的距离一般取 2 ～ 3.5m。关于墙面排水、伸缩缝的做法要求，与无肋角式挡土墙相同。为了使扶壁、垂直墙身、基础底板之间能连接牢固，一般在交接处做成支托，墙高可做到 9 ～ 10m。扶壁间距为墙高的 1/3 ～ 1/2，厚度约取扶壁间距的 1/8 ～ 1/6。立板与底板的厚度与扶壁的间距成正比，立板顶端厚度不小于 200mm，下端厚度由计算确定。

前趾和后踵最小厚度不得小于 200mm。

扶板两端立板外伸长度，根据外伸悬臂固端弯矩与中间跨固端弯矩相等的原则确定，通常选用扶壁净间距的 0.4 倍。

扶壁挡土墙的底宽 B 与墙高之比，可取 0.6 ～ 0.8。

2.4.2　扶壁式挡土墙的设计计算

扶壁式挡土墙的计算内容与悬臂式挡土墙相比，仅增加扶壁计算部分。在垂直墙身和基础板计算时，由于扶壁的存在，计算方法略有不同，下面做简要叙述。

（1）扶壁式与悬臂式挡土墙的压力计算相同。

（2）内力计算如下。

①立板：可看成三边固定一边自由的板，荷载为土压力和水压力。

分两部分计算：第一部分为离底板顶面 1.5 L_i（L_i 为两扶壁之间的距离）高度以下的立板，可视为三边固定一边自由的双向板；第二部分为第一部分以上部分，可沿高度将其划分为单位高度的水平板带，以扶壁为支座，按水平单向连续板计算，作用其上的荷载为水平方向土压力的平均值。

立板内力可按单、双向板查表法计算。也可按下式简化计算：

$$M_{支座}（支座弯矩） = P_i L_i / 12 \tag{2.30}$$

$$M_{跨中}（跨中弯矩） = P_i L_i / 20 \tag{2.31}$$

式中：P_i —— i 板带上的水平土压力。

②墙趾板：基础板也同样是以扶壁为支座的一个连续板带，其前趾部分比较短，可当作向上弯曲的悬臂板计算。

③墙踵板：基础板的后踵部分计算方法和垂直墙身相同。

④扶壁：扶壁与立板共同工作形成整体结构，扶壁可按 T 形截面悬臂梁计算内力，则纵向配筋为

$$A_s = \frac{M}{f_y \gamma_s h_0} \sec\theta \tag{2.32}$$

$$\gamma_s = \frac{1 + \sqrt{1 - 2\alpha_s}}{2}, \quad \alpha_s = \frac{M}{\alpha_1 f_c b_f' h_0^2}$$

式中：θ —— 扶壁倾斜角。

水平抗剪箍筋验算要求为

$$V \leqslant 0.7 f_t b h_0 + 1.0 f_{yv} \frac{A_{yv}}{s} h_0 \tag{2.33}$$

式中：f_{yv}——箍筋的抗拉强度设计值。

（3）扶壁中根据其受力情况，需配置三种钢筋（图2.16）。

扶壁（肋）与垂直墙身一起整体工作，如同一个变截面的T形悬臂梁，肋中配置三种钢筋：倾斜筋、水平筋和垂直筋。

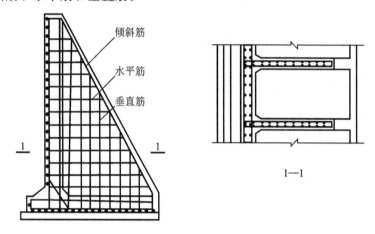

图2.16　扶壁配筋示意图

①倾斜筋是T形悬臂梁的受拉钢筋，沿扶壁的斜面放置。

②水平筋将扶壁和垂直墙身连系起来，以防止在侧压力作用下垂直墙身与扶壁的连接处被拉断，并作为T形悬臂梁的箍筋以承受肋中的主拉应力，保证肋的斜截面强度。

③垂直筋用于连系扶壁和基础板，承受由于基础板的局部弯曲作用在扶壁内产生的垂直方向上的拉力，以防止基础板与扶壁的连接处被拉断。

2.5　挡土墙的抗震验算

1. 抗震计算方法

在地震地区根据挡土墙的重要性及地基土的性质，需要验算挡土墙的强度及稳定性。一般在设计烈度为8度及以上地区的挡土墙，应进行抗震验算。挡土墙在地震作用下，除了因本身自重产生水平惯性力以外，在墙身背面的土体由于地震动力作用，也增加了对挡土墙的侧向压力。

土压力的加大造成了挡土墙的破坏，因此，地震区应进行抗震验算。目前国内尚无成熟的理论计算方法，推荐以下两种计算方法。

（1）用地震角加大墙背和填土表面的坡角公式。

假定地震时挡土墙如同一个刚性体固定在地基上，挡土墙上的任意一点的加速度与地表的加速度相同，土体产生的水平惯性力作为一种附加力作用在滑动楔体上，如图2.17

所示。地震时的主动土压力公式为

$$E_{ae} = \frac{\frac{1}{2}\frac{\gamma}{\cos\eta}h^2\left[\cos^2(\varphi-\rho-\eta)\right]}{\left\{\cos^2(\rho+\eta)\cos(\delta+\rho+\eta)\left[1+\sqrt{\frac{\sin(\delta+\varphi)\sin(\varphi-\beta-\eta)}{\cos(\delta+\rho+\eta)\cos(\rho-\beta)}}\right]\right\}^2} \qquad (2.34)$$

式中: η ——楔体自重与水平惯性力的合力与其竖直线的夹角，称为地震角（表 2.3）；
其余符号同前。

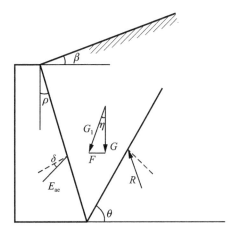

图 2.17 地震作用下滑动楔体受力图

表 2.3 地震角 η

地震设计烈度	7 度	8 度	9 度
非浸水	1°30′	3°	6°
水下	2°30′	5°	10°

（2）用《水工建筑物抗震设计规范》公式。
挡土墙水平地震作用总土压力为

$$E_{ae} = (1 \pm K_h C_e \tan\varphi) \cdot E_a \qquad (2.35)$$

式中: $\pm$ ——分别对应主动土压力和被动土压力；
K_h ——水平地震影响系数，按表 2.4 采用；
C_z ——综合影响系数，$C_z=1/4$；
C_e ——地震动土压力系数，按表 2.5 采用；
E_a ——静主动土压力合力；
φ ——填土内摩擦角。

表 2.4 水平地震影响系数 K_h

地震设计烈度	7 度	8 度	9 度
K_h	0.1	0.2	0.4
$K_h C_z$	0.025	0.05	0.1

表 2.5　地震动土压力系数 C_e

动土压力	填土坡度	内摩擦角 φ				
		$21° \sim 35°$	$26° \sim 30°$	$31° \sim 35°$	$36° \sim 40°$	$41° \sim 45°$
主动土压力	0°	4.0	3.5	3.0	2.5	2.0
	10°	5.0	4.0	3.5	3.0	2.5
	20°	—	5.0	4.0	3.5	3.0
	30°	—	—	—	4.0	3.5
被动土压力	$0° \sim 20°$	3.0	2.5	2.0	1.5	1.0

注：填土坡度在表列角度之间时，可进行内插。

2. 稳定性验算

（1）抗滑移验算：

$$K_s = \frac{\sum N\mu + E_p}{E_{ax}'' + F_i} = \frac{(G + E_{az}'') + E_p}{E_{ax}'' + F_i} \geq 1.1 \tag{2.36}$$

（2）抗倾覆验算：

$$K_l = \frac{\sum M_y'' + E_p}{\sum M_0''} = \frac{(Gx_0 + E_{az}''x_f) + E_p z_p}{E_{ax}'' z_f + F_i z_k} \geq 1.2 \tag{2.37}$$

偏心距为

$$e = \frac{b}{2} - c = \frac{b}{2} - \frac{\sum M_y'' - \sum M_0''}{\sum N''} \leq \begin{cases} b/3 \text{ (硬质岩石)} \\ b/4 \text{ (其他岩石)} \\ b/5 \text{ } (f > 200\text{kPa土质岩石}) \\ b/6 \text{ } (f \leq 200\text{kPa土质岩石}) \end{cases} \tag{2.38}$$

3. 基底应力验算

当 $e \leq \dfrac{b}{6}$ 时：

$$p_{min}^{max} = \frac{\sum N''}{b}\left(1 \pm \frac{6e}{b}\right) \leq 1.2 f_{ea} \tag{2.39}$$

当 $e > \dfrac{b}{6}$ 时：

$$p_{max} = \frac{2\sum N''}{3c} \leq 1.2 f_{ea} \tag{2.40}$$

式中：f_{ea}——地基抗震承载力设计值，$f_{ea} = \xi_s f_a$；

ξ_s——地基土抗震承载力调整系数，按表 2.6 采用。

表 2.6 地基土抗震承载力调整系数 ξ_s

岩土名称和性状	ξ_s
岩土、密实的碎石土，密实的砾、粗、中砂，$f_k \geqslant 300$ 的黏性粉土	1.5
中密、稍密的碎石土，中密和稍密的砾、粗、中砂，$150 \leqslant f_k \leqslant 300$ 的黏性土和粉土	1.3
稍密的细、粉砂，$100 \leqslant f_k < 150$ 的黏性土和粉土，新近沉积的黏性土和粉土	1.1
淤泥、淤泥质土、松散的砂、填土	1.0

注：f_k 为地基土静承载力标准值 (kPa)。

2.6 挡土墙计算例题

【例 2.1】试设计一块石砌体挡土墙。墙高 h=5m，墙背竖直光滑，墙后填土水平，填土的物理力学指标为：重度 γ =16.8kN/m³，内摩擦角 φ=38°，黏聚力 c=0，基底摩擦系数 μ=0.6，修正后的地基承载力特征值 f_a=200kPa，块石的重度为 23kN/m³。

解：（1）挡土墙尺寸的选择。

墙顶宽取 $h/10$=5/10m=0.5m，底宽取 $h/3$=5/3m=1.7m，如图 2.18 所示。

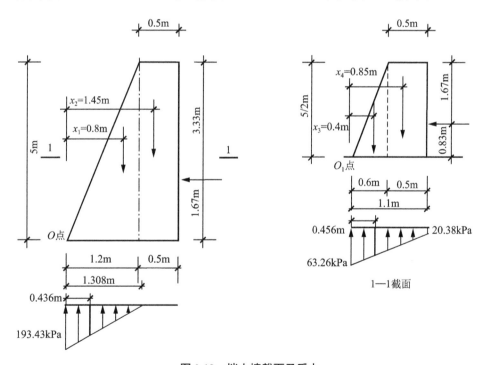

图 2.18 挡土墙截面及受力

（2）土压力计算。计算公式为

$$E_a = \frac{1}{2}\gamma h^2 \tan^2\left(45° - \frac{\varphi}{2}\right)$$

$$= \frac{1}{2} \times 16.8 \times 5^2 \times \tan^2\left(45° - \frac{38°}{2}\right)$$

$$= 49.95(\text{kN/m})$$

土压力作用点距墙趾的距离为

$$z_f = \frac{h}{3} = 1.67\text{m}$$

（3）挡土墙自重及重心计算。

将挡土墙的截面分成一个三角形及矩形，它们的重量分别为

$$G_1 = \frac{1}{2} \times 1.2 \times 5 \times 23\text{kN/m} = 69\text{kN/m}$$

$$G_2 = 0.5 \times 5 \times 23\text{kN/m} = 57.5\text{kN/m}$$

G_1、G_2 作用点距墙趾 O 点的水平距离为

$$x_1 = \frac{2}{3} \times 1.2\text{m} = 0.8\text{m}$$

$$x_2 = \left(1.2 + \frac{1}{2} \times 0.5\right)\text{m} = 1.45\text{m}$$

（4）抗倾覆稳定性验算。代入数据为

$$K_t = \frac{G_1 x_1 + G_2 x_2}{E_a z_f} = \frac{69 \times 0.8 + 57.5 \times 1.45}{49.95 \times 1.67} = 1.66 > 1.6$$

满足条件。

（5）抗滑移稳定性验算。代入数据为

$$K_s = \frac{(G_1 + G_2)\mu}{E_a} = \frac{(69 + 57.5) \times 0.6}{49.95} = 1.51 > 1.3$$

满足条件。

（6）地基承载力验算。

作用在地基上的总竖向力为

$$N = G_1 + G_2 = (69 + 57.5)\text{kN/m} = 126.5\text{kN/m}$$

合力作用点距墙趾 O 点的水平距离为

$$x_0 = \frac{G_1 x_1 + G_2 x_2 - E_a z_f}{N} = \frac{69 \times 0.8 + 57.5 \times 1.45 - 49.45 \times 1.67}{126.5}\text{m} = 0.436\text{m}$$

偏心距为

$$e = \frac{b}{2} - x_0 = \left(\frac{1.7}{2} - 0.436\right)\text{m} = 0.414\text{m} > \frac{b}{6} = 0.28\text{m}$$

说明部分截面受压。

基底压应力为

$$p_{\max} = \frac{2N}{3\left(\dfrac{b}{2} - e\right)} = \frac{2 \times 126.5}{3\left(\dfrac{1.7}{2} - 0.414\right)}\,\text{kPa} = 193.43\text{kPa} < 1.2f_a = 1.2 \times 200\text{kPa} = 240\text{kPa}$$

$$p = \frac{p_{\max} + p_{\min}}{2} = \frac{1}{2}(193.43 + 0)\text{kPa} = 96.71\text{kPa} < f_a = 200\text{kPa}$$

（7）墙身强度验算。

采用 MU20 毛石，混合砂浆强度等级 M2.5 的毛石砌体抗压强度设计值为 7MPa。验算挡土墙半高处界面的抗压强度。取基面位置为 $z=2.5$m 处，该截面以上的水平土压力为

$$E_{a1} = \frac{1}{2}\gamma h_1^2 \tan^2\left(45° - \frac{\varphi}{2}\right)$$
$$= \frac{1}{2} \times 16.8 \times 2.5^2 \times \tan^2\left(45° - \frac{38°}{2}\right)\text{kN/m}$$
$$= 12.49\text{kN/m}$$

作用点距该截面的距离为

$$z_{f1} = \frac{h_1}{3} = \frac{2.5}{3}\text{m} = 0.83\text{m}$$

该截面以上的自重为

$$G_3 = \frac{1}{2} \times 0.6 \times 2.5 \times 23\text{kN/m} = 17.25\text{kN/m}$$

$$G_4 = 0.5 \times 2.5 \times 23\text{kN/m} = 28.75\text{kN/m}$$

G_3、G_4 作用点距墙趾 O_1 点的水平距离为

$$x_3 = \frac{2}{3} \times 0.6\text{m} = 0.4\text{m}, \quad x_4 = (0.6 + 0.25)\text{m} = 0.85\text{m}$$

作用在截面以上的竖向力为

$$N = G_3 + G_4 = (17.25 + 28.75)\text{kN/m} = 46\text{kN/m}$$

合力作用点距墙趾 O_1 点的水平距离为

$$x_0 = \frac{G_3 x_3 + G_4 x_4 - E_{a1} z_{f1}}{\sum G} = \frac{17.25 \times 0.4 + 28.75 \times 0.85 - 12.49 \times 0.83}{46}\text{m} = 0.456\text{m}$$

1—1 截面偏心距为

$$e = \frac{b_1}{2} - x_{01} = \left(\frac{1.1}{2} - 0.456\right)\text{m} = 0.094\text{m} > \frac{b}{6} = 0.28\text{m}$$

$$< \frac{b}{6} = 0.183\text{m}$$

说明全截面受压。

1—1 截面基底压应力为

$$p_{\min}^{\max} = \frac{\sum G}{b_1}\left(1 \pm \frac{6e_1}{b_1}\right) = \frac{46}{1.10}\left(1 \pm \frac{60.094}{1.10}\right)\text{kPa} = \frac{63.26}{20.38}\text{ kPa}$$

$$p = \frac{p_{\max} + p_{\min}}{2} = \frac{1}{2}(63.26 + 20.38)\text{kPa} = 41.82\text{kPa} < f_a = 470\text{kPa}$$

说明满足要求。

【**例 2.2**】挡土墙的尺寸如图 2.19 所示，地面活荷载 q=5000N/m²。地基土为黏土，修正后地基承载力的特征值 f_a=100kN/m²，内摩擦角 φ=30°，挡土墙处在地下水位上，土的重度为 γ=17kN/m³。求挡土墙墙身和基础板配筋，并进行稳定性验算和土的承载力验算（挡土墙混凝土用 C25 级，钢筋用 HPB300、HRB335 级）。

解：（1）确定侧压力为

$$E = E_1 + E_2$$
$$= \frac{1}{2}\gamma H^2 \tan^2\left(45° - \frac{\varphi}{2}\right) + qH\tan^2\left(45° - \frac{\varphi}{2}\right)$$
$$= \frac{1}{2} \times 17000 \times 3.0^2 \times \tan^2\left(45° - \frac{30°}{2}\right) + 5000 \times 3.0 \times \tan^2\left(45° - \frac{30}{2}\right)$$
$$= 25500 + 5000$$
$$= 30500(\text{N/m})$$

（2）垂直墙身计算如下：

$$M = \gamma_0\left(\gamma_G E_1 \frac{H}{3} + \gamma_Q E_2 \frac{H}{2}\right)$$
$$= 1.2 \times 25500 \times \frac{3.0}{3} + 1.4 \times 5000 \times \frac{3.0}{2}$$
$$= 41100(\text{N·m})$$

$\alpha_1 = 1.0$，$f_c = 11.9\text{N/mm}^2$，$f_y = 300\text{N/mm}^2$

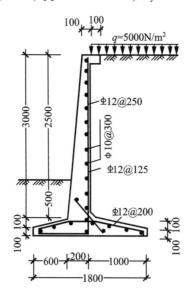

图 2.19 挡土墙示意图（单位：mm）

净保护层厚度取 35mm，可得

$$\alpha_s = \frac{M}{\alpha_1 f_c b h_0^2} = \frac{41100000}{11.9 \times 1000 \times 160^2} = 0.135$$

$$A_s = \frac{M}{\gamma_s f_y h_0} = \frac{41100000}{0.93 \times 300 \times 160} = 921(\text{mm}^2)$$

墙身每米设置 $9\phi12$（$A_s=1017\text{mm}^2$），在 1/2 高度处截断一半，水平设置构造筋 $\phi10@300$。

（3）土的承载力验算（荷载效应按标准组合）。

每延米垂直墙身自重为

$$G_1 = \frac{1}{2} \times (0.1+0.2) \times 3 \times 25000 = 11250(\text{N/m})$$

每延米基础底板自重为

$$G_2 = \frac{1}{2} \times (0.1+0.2) \times 1.6 \times 25000 + 0.2 \times 0.2 \times 25000 = 6000 + 1000 = 7000(\text{N/m})$$

每延米墙后踵板宽度内土自重为

$$G_3 = 3.05 \times 17000 \times 1.0 = 51850(\text{N/m})$$

每延米墙后活荷载为

$$G_4 = 5000 \times 1.0 = 5000(\text{N/m})$$

侧压力为

$$E_1' = \frac{1}{2}\gamma H^2 \tan^2\left(45° - \frac{\varphi}{2}\right) = \frac{1}{2} \times 17000 \times 3.2^2 \times \tan^2\left(45° - \frac{30°}{2}\right) = 29000(\text{N/m})$$

$$E_2' = qH' \tan^2\left(45° - \frac{\varphi}{2}\right) = 5000 \times 3.2 \times \tan^2\left(45° - \frac{30°}{2}\right) = 5330(\text{N/m})$$

基础地面土反力的偏心距 e_0 为

$$e_0 = \frac{b}{2} - \frac{(G_1 a_1 + G_2 a_2 + G_3 a_3 + G_4 a_4) - (E_1'H'/3 + E_2'H'/2)}{G_1 + G_2 + G_3 + G_4}$$

$$= \frac{1.8}{2} - \frac{(11250 \times 0.72 + 7000 \times 0.874 + 51850 \times 1.3 + 5000 \times 1.3) - \left(29000 \times \frac{3.2}{3} + 5330 \times \frac{3.2}{2}\right)}{11250 + 7000 + 51850 + 5000}$$

$$= 0.252(\text{m})$$

$e_0 \leqslant \dfrac{b}{6} = 0.30\,\text{m}$，说明全部受压。

$$\sigma_{\min}^{\max} = \frac{\sum G}{b}\left(1 \pm \frac{6e_0}{b}\right)$$

$$= \frac{11250 + 7000 + 51850 + 5000}{1.80} \times 1 \pm \left(\frac{6 \times 0.252}{1.80}\right) = \frac{76.7}{6.7}(\text{kN/m}^2)$$

满足 $\sigma_{\max} \leqslant 1.2 f_{a}$，$\dfrac{\sigma_{\min} + \sigma_{\max}}{2} = 41.8 \mathrm{kN/m^2} \leqslant f_{a}$。

（4）基础板配筋计算（荷载效应基本组合）。

以设计荷载来计算配筋，自重和填土重的荷载分项系数取为1.2，活荷载分项系数取为1.4。重新计算求得：

$$e_0 = 26.3 \mathrm{cm}，\quad e_0 < \frac{b}{6}$$

$$\sigma_{\max} = 95.13 \mathrm{kN/m^2}，\quad \sigma_{\min} = 6.251 \mathrm{kN/m^2}$$

①前趾部分（图2.20）。计算得：

$$\sigma_1 = 6.251 + (95.13 - 6.251) \times \frac{1 + 0.2}{1.8} = 65.5 (\mathrm{kN/m^2})$$

$$M_1 = \frac{1}{6}(\sigma_{\max} + \sigma_1) \times b^2 = \frac{1}{6} \times (2 \times 95.13 + 65.5) \times 0.6^2 = 15.35 (\mathrm{kN \cdot m})$$

底板厚 $h_1 = 200 \mathrm{mm}$，$h_0 = (200 - 40) \mathrm{mm} = 160 \mathrm{mm}$，则有

$$\alpha_s = \frac{M_1}{\alpha_1 f_c b h_0^2} = \frac{15350000}{11.9 \times 1000 \times 160^2} = 0.05$$

$$v_s = \frac{1 + \sqrt{1 - 2 \times 0.05}}{2} = 0.97$$

$$A_s = \frac{M_1}{v_s h_0 f_y} = \frac{1535 \times 10^4}{0.97 \times 160 \times 300} = 329 (\mathrm{mm^2})$$

用于墙上的竖向钢筋向下弯折即可。

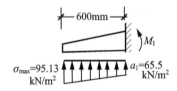

图2.20 前趾受力图

②后踵部分（图2.21）。求后踵部分在土压力作用下的 q_1 值，先求后踵部分墙重为

$$v_G G_2' = 1.2 \times 1.0 \times 0.15 \times 25000 = 4500 (\mathrm{N/m})$$

则有

$$q_1 = \frac{v_G G_3 + v_G G_4 + v_G G_2'}{b} = \frac{62280 + 7000 + 4500}{1.0} = 73.78 (\mathrm{kN/m})$$

$$\sigma_2 = \sigma_{\min} + (\sigma_{\max} + \sigma_{\min}) \frac{b_2}{b} = 6.251 + (95.13 - 6.251) \times \frac{1.0}{1.8} = 55.63 (\mathrm{kN/m^2})$$

$$M_2 = \frac{1}{6}[2(q_1 - \sigma_{\min}) + (q_1 - \sigma_2)]b_2^2$$

$$= \frac{1}{6}[2 \times (73.78 - 6.251) + (73.78 - 55.63)] \times 1.0^2$$

$$= 25.53 (\mathrm{kN \cdot m})$$

$$\alpha = \frac{2553 \times 10^4}{11.9 \times 1000 \times 160^2} = 0.08$$

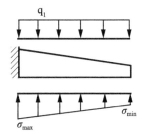

图 2.21　后踵受力图

$$v_s = 0.95$$

$$A_s = \frac{2553 \times 10^4}{0.95 \times 160 \times 300} = 560(\text{mm}^2)$$

选用 $\Phi 12@100(A_s = 565\text{mm}^2)$。

（5）稳定性验算。

考虑到活荷载可能产生旁移，因此抗倾覆及抗滑移计算不计其影响。

①抗倾覆验算。抗倾覆力矩为

$$M_{AG} = G_1 a_1 + G_2 a_2 + G_3 a_3$$
$$= 11300 \times 0.72 + 7000 \times 0.874 + 51900 \times 1.3$$
$$= 81700 \,(\text{N} \cdot \text{m/m})$$

$$M_A = E_1' \times \frac{H'}{3} + E_2' \times \frac{H'}{2}$$
$$= 29000 \times \frac{3.2}{3} + 5330 \times \frac{3.2}{2}$$
$$= 39500(\text{N} \cdot \text{m/m})$$

则有 $\dfrac{M_{AG}}{M_A} = 2.07 > 1.6$ ，故安全。

②抗滑移验算。取 $\mu = 0.25$ ，则有

$$\frac{\mu \cdot \sum G}{E'} = \frac{0.25 \times (11300 + 700 + 51900)}{2900 + 5330} = 0.511 < 1.3$$

故不满足要求。

解决方法一：底板下夯填 $30 \sim 50\text{cm}$ 碎石，以提高　值。仍不满足要求时，可采用解决方法二。

解决方法二：设防滑键（图 2.22）。计算得

$$\sigma_b = \sigma_{min} + (\sigma_{max} + \sigma_{min})\frac{b - a_j}{b}$$

$$= 6.7 + (76.9 - 6.7) \times \frac{1.0}{1.8}$$

$$= 45.7(\text{N/mm}^2)$$

$$a_j = 0.8\text{m}$$

$$h_j = a_j \tan\left(45° - \frac{\varphi}{2}\right) = 0.8 \times \tan\left(45° - \frac{30°}{2}\right) = 0.461(\text{m})$$

$$E_p = \frac{\sigma_{max} + \sigma_b}{2} \tan^2\left(45° - \frac{\varphi}{2}\right)h_j$$

$$= \frac{76.9 + 45.7}{2} \times \tan^2\left(45° - \frac{30°}{2}\right) \times 0.416$$

$$= 84.78(\text{kN/m})$$

$$F = \frac{\sigma_b + \sigma_{min}}{2}(b - a_j)\mu$$

$$= \frac{45.7 + 6.7}{2}(1.8 - 0.8) \times 0.25$$

$$= 6.55(\text{kN/m})$$

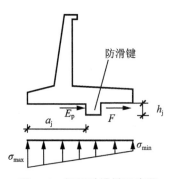

图 2.22 设置防滑键示意图

则有 $\dfrac{\varphi E_p + F}{E'} = \dfrac{0.5 \times 84.78 + 6.55}{29 + 5.33} = 1.42 > 1.3$，故在这种措施下安全。$h_j$ 取 50cm。

本 章 小 结

本章介绍了挡土墙结构的概念及分类，挡土墙荷载的种类及组合；着重介绍了自重式、悬臂式、扶壁式挡土墙的构造及设计计算。

自重式挡土墙设计计算内容包括侧压力计算、强度计算、地基承载力验算、稳定性验算，尤其要注意地基承载力验算、稳定性验算，特别是墙背不垂直及底板面与水平面有夹角时。

悬臂式挡土墙设计计算内容包括侧压力计算、墙身设计、底板设计、地基承载力验算、稳定性验算。重点注意稳定性验算不满足时采取的措施。

扶壁式挡土墙设计计算内容同悬臂式挡土墙，只是多了一项扶壁的计算。由于扶壁的存在致使墙身底板的受力情况发生了改变，应考虑单、双向板的计算问题，还要注意扶壁的配筋形式及作用。

思 考 题

2.1 自重式挡土墙的设计包括哪些内容？

2.2 挡土墙设计的基本原理是什么？

2.3 悬臂式挡土墙的设计包括哪些内容？

2.4 扶壁式挡土墙的扶壁有几种配筋？作用各是什么？

习 题

2.1 设计一挡土墙，高为 0.4m，采用 M5 水泥砂浆砌筑的毛石挡墙，其重度 $\gamma=22kN/m^3$。墙后填土为黏性土，填土为水平面，$\beta=0$，土的重度 $\gamma=17.2kN/m^3$，内摩擦角 $\varphi=28°$，与墙背的摩擦角 $\delta=0$，基底摩擦系数 $\mu=0.45$，地下水位距墙顶 2.5m。

2.2 设计一无料石地区挡土墙，墙背填土与墙前地面高差为 4m，填土表面水平，上有均布荷载标准值 $q_k=12kN/m^2$，修正后地基承载力的特征值为 150kPa，填土的重度 $\gamma=18kN/m^3$，内摩擦角 $\varphi=32°$，基底摩擦系数 $\mu=0.45$，由于采用钢筋混凝土挡土墙，墙背竖直且光滑，可假定填土与墙背的摩擦角 $\delta=0$。

第 **3** 章
建筑深基坑

知识模块	掌握程度	知识要点
支护结构形式	了解	基坑等级的划分、适用范围、特点
悬臂支护设计计算方法	重点掌握	极限平衡法、布鲁姆（Blum）法
单点支护设计计算方法	重点掌握	浅埋式单锚支护结构、深埋式单锚支护结构
多点支护设计计算方法	重点掌握	等弯矩布置、等反力矩布置、等间距布置
基础稳定性分析	掌握	整体抗滑移稳定性分析、抗倾覆稳定性分析，基底抗隆起稳定性分析

本章技能要点

技能要点	掌握程度	应用方向
支护类型的选择与计算	掌握	根据工程的实际情况选择类型；将支护结构抽象为计算模型、荷载的统计及组合、设计计算

导入案例

邯郸新时代广场位于邯郸市中心人民东路，是集宾馆、餐饮、服务、公寓于一体的大型商务公寓楼。主楼 27 层，裙楼 8 层，地下 3 层，总建筑面积近 4 万 m^2，基础埋深 16.05m，是邯郸市的重点工程项目。该工程 ±0.00 相当于绝对标高 55.70m，基坑开挖深度为 15.50m（从地面算起）。

该工程施工点位于邯郸市区中心地带，场地比较狭窄，在场地的北侧有地下管线和国防光缆等重要设施，东侧紧邻城市道路，南侧有住宅楼，西邻保龙仓超市，场地狭小，不具备放坡条件。该工程基坑支护拟采用钻孔灌注桩加锚杆支撑支护，由于地下稳定水位较高，为地面下 9.7m，因此拟在钻孔灌注桩间进行高压喷射注浆，形成隔水帷幕并结合坑内管井降水。工程要进行工程桩施工、钻孔围护桩施工、基坑支护、管井施工、降水施工。工程施工分两个阶段进行，总工期为 120 天。

基坑支护远景图

基坑支护近景图

3.1 建筑深基坑概述

随着经济快速持续发展，我国大中城市高层建筑越来越多。为充分利用地下空间，增加基础结构承载及抗震能力，高层建筑设计一般有地下室（2层或2层以上）的居多，且大多采用箱形基础、深筏板基础等深基础结构，这样在高层建筑正式施工前，就需要开挖较深的地下基坑。要确保基坑周边已有建筑物的安全性，并严格控制支护边坡土体的变形及沉降，就要求对深基坑采取支护措施。近年来，大量基坑工程的出现，使基坑支护技术取得了较大发展，各种支护方法日益成熟。为规范我国基坑工程健康地向前发展，原建设部于1999年颁布了《建筑基坑支护技术规程》（JGJ 120—1999），最近又颁布了《建筑基坑支护技术规程》（JGJ 120—2012），作为我国基坑支护工程设计与施工的指导性文件。此外一些大中城市还制定了不少地方性规程或标准。

基坑工程正确、科学地设计和施工，能带来巨大的经济效益和社会效益，对加快施工进度、保护环境发挥重要的作用。反之如设计、施工不当甚至错误，也会带来严重的后果及重大经济损失。大量的工程实践已经证明了这一点。

基坑支护的作用就是挡土、挡水、控制边坡变形。基坑支护的目的或功能如下：

（1）确保基坑开挖和基础结构的施工安全、顺利，为地下工程施工提供安全的空间；

（2）保证环境安全，即确保基坑邻近的地铁、隧道、管线、房屋建筑等正常使用；

（3）保证主体工程地基及桩基的安全，防止地面出现塌陷、坑底管涌等现象。

3.2 支护结构的类型及特点

1. 基坑工程的分类

1）按开挖深度分

一般地说，基坑开挖深度不小于6m的为深基坑，开挖深度小于6m的为浅基坑。

2）按开挖方式分

按照土方开挖方式，可以将基坑分为放坡开挖和支护开挖两大类。

3）按功能用途分

按功能用途，基坑可分为楼宇基坑、地铁站基坑、市政工程基坑、工业地下厂房基坑等。

4）按安全等级分

依据基坑开挖的深度、邻近建筑物及地下管线至坑口的距离、工程地质条件、破坏后的严重后果等，JGJ 120—2012将基坑工程分为三个安全等级，如表3.1所列。基坑变形的控制值如表3.2所列。

表 3.1 基坑工程安全等级划分

安全等级	破坏后果	γ_0
一级	支护结构破坏、土体失稳或过大变形对基坑周边环境及地下结构施工影响很严重	1.10
二级	支护结构破坏、土体失稳或过大变形对基坑周边环境及地下结构施工影响一般	1.00
三级	支护结构破坏、土体失稳或过大变形对基坑周边环境及地下结构施工影响不严重	0.90

注：γ_0 为工程重要性系数。

表 3.2 基坑变形的控制值   单位：cm

基坑类别	基坑围护结构墙顶位移监控值	围护结构墙体最大位移监控值	地面最大沉降监控值
一级基坑	3	5	3
二级基坑	6	8	6
三级基坑	8	10	10

注：1. 符合下列条件之一，为一级基坑：
    (1) 重要工程或支护结构作为主体结构的一部分；
    (2) 开挖深度大于 10m 的；
    (3) 与邻近建筑物、重要设施的距离在开挖深度以内的基坑；
    (4) 基坑范围内有历史文物、近代优秀建筑、重要管线等须严加保护的基坑。
  2. 三级基坑为开挖深度小于 7m，且周围环境无特殊要求时的基坑。
  3. 除一级和三级外的基坑属二级基坑。
  4. 当周围已有的设施有特殊要求时，尚应符合这些要求。

2. 支护结构的种类、特点及使用条件

常用的几种支护结构形式的选用如表 3.3 所列。

表 3.3 常用支护结构的形式

类型和名称	支护形式及特点	适用条件
挡土灌注排桩或地下连续墙	挡土灌注排桩，系以现场灌注桩按队列式布置组成的支护结构；地下连续墙，系用机械施工方法成槽浇灌钢筋混凝土形成的地下墙体。 特点：刚度大，抗弯强度高，变形小，适应性强，所需工作场地不大，振动小，噪声低，但排桩墙不能止水，连续墙施工需较多机具设备	(1) 适于基坑侧壁安全等级为一、二、三级； (2) 悬臂式结构在软土场地中不宜大于 5m； (3) 当地下水位高于基坑底面时，宜采用降水、排桩与水泥土桩组合截水帷幕等措施，或采用地下连续墙； (4) 适用于逆作法施工； (5) 变形较大的基坑可选用双排桩
排桩土层锚杆支护	在稳定土层钻孔，用水泥浆或水泥砂浆将钢筋与土体黏结在一起，拉结成排桩挡土。 特点：能与土体结合承受很大拉力，变形小，适应性强，不用大型机械，所需工作场地小，省钢材，费用低	(1) 适于基坑侧壁安全等级为一、二、三级； (2) 适用于难以采用支撑的大面积深基坑； (3) 不宜用于地下水量大、含有化学腐蚀物的土层和松散软弱土层

（续）

类型和名称	支护形式及特点	适用条件
排桩内支撑支护	在排桩内侧设置型钢或钢筋混凝土水平支撑，用以支挡基坑侧壁进行挡土。 特点：受力合理，易于控制变形，安全可靠；但需大量支撑材料，基坑内施工不便	(1) 适于基坑侧壁安全等级为一、二、三级； (2) 适用于各种不易设置锚杆的较松软土层及软土地基； (3) 当地下水位高于基坑底面时，宜采用降水措施或采用止水结构
水泥土墙支护	由水泥土桩相互搭接形成格栅状、壁状等形式的连续重力式挡土止水墙体。 特点：具有挡土、截水双重功能；施工机具设备相对简单；成墙速度快，使用材料单一，造价较低	(1) 基坑侧壁安全等级宜为二、三级； (2) 水泥土墙施工范围内地基承载力不宜大于 150kPa； (3) 基坑深度不宜大于 6m； (4) 基坑周围具备水泥土墙施工宽度
土钉墙或喷锚支护	用土钉或预应力锚杆加固的基坑侧壁土体，与喷射钢筋混凝土护面组成的支护结构。 特点：结构简单，承载力较高；可阻水，变形小，安全可靠，适应性强，施工机具简单，施工灵活；污染小，噪声低，对周边环境影响小；支护费用低	(1) 基坑侧壁安全等级宜为二、三级的非软土场地； (2) 土钉墙基坑深度不宜大于 12m，喷锚支护适于无流砂、含水量不高、非淤泥等流塑土层的基坑，开挖深度不大于 18m； (3) 当地下水位高于基坑底面时，应采取降水或截水措施
逆作拱墙支护	在平面上将支护墙体或排桩做成闭合拱形的支护结构。 特点：结构主要承受压应力，可充分发挥材料特性，结构截面小，底部不用嵌固，可减少埋深，受力安全可靠，变形小，外形简单，施工方便、快速，质量易保证，费用低	(1) 基坑侧壁安全等级宜为二、三级； (2) 淤泥和淤泥质土场地不宜采用； (3) 基坑平面尺寸近似方形或圆形，基坑施工场地适合拱圈布置； (4) 基坑深度不宜大于 12m，拱墙轴线的矢跨比不宜小于 1/8
钢板桩	采用特制的型钢板桩，用机械打入地下，构成一道连续的板墙，作为挡土、挡水围护结构。 特点：承载力高、刚度大、整体性好、锁口紧密、水密性强，能适应各种平面形状和土质，打设方便、施工快速，可回收使用，但需大量钢材，一次性投资较高	(1) 适于基坑侧壁安全等级为二、三级； (2) 基坑深度不宜大于 10m； (3) 当地下水位高于基坑底面时，应采用降水或截水措施
放坡开挖	对土质较好、地下水位低、场地开阔的基坑，采取按规范允许坡度放坡开挖或仅在坡脚叠袋护脚，坡面做适当保护。 特点：不用支撑支护，需采用人工修坡，需加强边坡稳定监测，土方量大，土需外运	(1) 基坑侧壁安全等级宜为三级； (2) 基坑周围场地应满足放坡条件，要求土质较好； (3) 可独立或与上述其他结构结合使用； (4) 当地下水位高于坡脚时，应采取降水措施

对表 3.3 所列支护方案的选择，应根据基坑周边环境、土层结构、工程地质、水文地质、基坑形状、开挖深度、施工拟采用的挖方及排水方法、施工作业设备条件、安全

等级、工期要求及技术经济效益等因素，综合全面地考虑决定。可以选择应用其中一种，也可以两三种支护方法结合使用。

3.3 基坑支护设计原则与内容

根据《建筑基坑支护技术规程》（JGJ 120—2012）的规定，基坑支护结构应采用以分项系数表示的极限状态设计方法进行设计。

基坑支护结构的极限状态，可分为下列两类。

（1）承载能力极限状态。这种极限状态，对应于支护结构达到最大承载能力或土体失稳、过大变形导致支护结构或基坑周边环境破坏。

（2）正常使用极限状态。这种极限状态，对应于支护结构的变形已妨碍地下结构施工，或影响基坑周边环境的正常使用功能。

基坑支护结构均应进行承载能力极限状态的计算，对于安全等级为一级及对支护结构变形有限定的二级建筑基坑侧壁，尚应对基坑周边环境及支护结构变形进行验算。

1. 基坑支护设计原则

基坑支护结构设计的原则如下。

（1）安全可靠：满足支护结构本身强度、稳定性以及变形要求同时，确保周围环境的安全。

（2）经济合理性：在支护结构安全可靠的前提下，要从工期、材料、设备、人工以及环境保护等方面综合确定其有明显技术经济效果的方案。

（3）施工便利并保证工期：在安全可靠、经济合理的原则下，最大限度地方便于施工（如合理的支撑布置，便于挖土施工），以缩短工期。

基坑工程设计，要服务于土方开挖、地下结构施工和环境保护。因此，在进行基坑工程设计前应收集下列资料：

（1）岩土工程的勘察报告；

（2）邻近建（构）筑物和地下设施的类型、分布情况、结构质量和管件接头等资料；

（3）用地边界线及红线范围图、场地周围地下管线图、建筑总平面图、地下结构平面图和剖面图。

上述资料，有的由勘察、设计单位提供，有的可向有关的市政管理部门收集，有的还需要通过检测和调查才能取得。

2. 基坑工程的设计内容

基坑工程的设计内容，一般应包括以下方面：

（1）支护体系的方案比较和选型；

（2）支护结构的强度和变形计算；

（3）基坑内外土体的稳定性验算；

（4）维护墙的抗渗验算；

（5）降水要求和降水方案；

（6）确定挖土的工况以及挖土、运土的主要措施；

（7）确定环境保护的要求及有关措施；

（8）进行监测的内容。

3.4 支护结构上的荷载及水、土压力计算

作用在一般结构上的荷载可分为以下三类。

（1）永久荷载（恒荷载）：在结构使用期间，其值不随时间变化，或变化与平均值相比可以忽略不计的荷载，如结构自重、土压力等。

（2）可变荷载（活荷载）：在结构使用期间，其值随时间变化，且其变化值与平均值相比不可忽略的荷载，如楼面的活载、汽车、吊车及堆载等。

（3）偶然荷载：在结构使用期间不一定出现，但一旦出现，其值很大且持续时间比较短的荷载，如地震力、爆炸力及撞击力等。

作用于支护结构上的荷载主要包括：土压力，水压力，影响区范围内建筑物、结构物荷载，施工荷载，温度影响和混凝土收缩引起的附加荷载；当支护作为主体结构的一部分时，还应考虑地震力。

3.4.1 土压力理论

1. 静止土压力

静止土压力是在围护结构的侧限作用下系统处于弹性平衡状态时土体作用在围护结构上的土压力，即为弹性半空间在自重作用下无侧向变形的水平侧压力，如图 3.1 所示。在半空间任意深度 z 处取一微元，则微元上作用有竖向的自重应力 γz，则该处的侧向静止土压力强度定义为

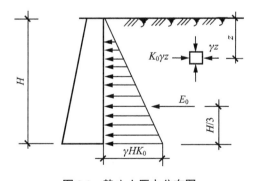

图 3.1 静止土压力分布图

$$e_0 = \gamma z K_0 \tag{3.1}$$

式中：e_0 —— 静止土压力强度（kPa）；

γ —— 土的重度（kN/m³）；

z —— 计算点距围护结构顶面的距离（m）；

K_0 —— 静止土压力系数。

由式（3.1）可知，静止土压力呈三角形分布，则土体作用在单位长度围护结构上的静止土压力为

$$E_0 = \frac{1}{2}\gamma H^2 \cdot K_0 \tag{3.2}$$

式中：H —— 围护结构高度（m）。

静止土压力系数 K_0 取决于土的物理力学性质，根据工程经验，对砂土 $K_0 = 0.35 \sim 0.5$，对黏性土 $K_0 = 0.5 \sim 0.7$。

常见的 K_0 计算公式有 JaKy 于 1944 年提出的：

$$K_0 = 1 - \sin\varphi' \tag{3.3}$$

式中：φ' —— 土的有效内摩擦角（°）。

上海市标准《基坑工程设计规程》（DBJ 08—61—1997）中该式为

$$K_0 = a - \sin\varphi' \tag{3.4}$$

式中：a —— 经验系数，砂土、粉土取 1，黏土、淤泥质土取 0.95。

2. 朗金土压力理论

朗金土压力理论是基于弹性半空间理论，根据围护结构的移动方向，由土体内任一点的极限平衡状态推导出来的。图 3.2 所示为一表面为水平面的半空间体，取其中一微元，当土体处于静止状态时，该微元处于弹性平衡状态，则该微元上竖向及水平向应力分别为

$$\sigma_z = \gamma z \tag{3.5}$$

$$\sigma_x = K_0 \gamma z \tag{3.6}$$

对正常固结土，静止侧压力系数 K_0 总是小于 1，所以其 σ_z 为大主应力，σ_x 为小主应力。试想由于某种原因使整个土体在水平方向上均匀伸展，使 σ_x 逐渐减小，根据莫尔－库仑屈服准则，莫尔圆会逐渐扩大，直至达到极限平衡状态，此时称为朗金主动状态。此时的 σ_x 达到最小值 e_a，微元的大主应力则为 σ_z，小主应力为 e_a，其莫尔圆即为图 3.2 中的圆Ⅱ。反之，若土体在水平方向上均匀压缩，使 σ_x 逐渐增大，同样根据莫尔－库仑屈服准则，莫尔圆也会逐渐扩大直至达到极限平衡状态，此时称为朗金被动状态。此时的 σ_x 达到最大值 e_p，微元的大主应力为 e_p，小主应力为 σ_z，其莫尔圆即为图 3.2 中的圆Ⅲ。

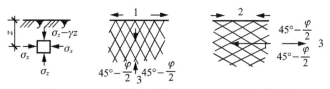

(a) 微元　　　(b) 朗金主动状态　　　(c) 朗金被动状态

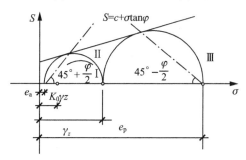

(d) 用莫尔圆表示的朗金极限平衡状态

图 3.2　朗金极限平衡状态

1—主动伸展；2—被动压缩；3—大主应力方向

由土压力强度理论可知，土体中某点处于平衡状态时，大主应力 σ_1 和小主应力 σ_3 应满足如下关系式。

对黏性土有

$$\sigma_1 = \sigma_3 \tan^2\left(45° + \frac{\varphi}{2}\right) + 2c\tan\left(45° + \frac{\varphi}{2}\right) \tag{3.7}$$

或

$$\sigma_3 = \sigma_1 \tan^2\left(45° - \frac{\varphi}{2}\right) - 2c\tan\left(45° - \frac{\varphi}{2}\right) \tag{3.8}$$

对无黏性土有

$$\sigma_1 = \sigma_3 \tan^2\left(45° + \frac{\varphi}{2}\right) \tag{3.9}$$

或

$$\sigma_3 = \sigma_1 \tan^2\left(45° - \frac{\varphi}{2}\right) \tag{3.10}$$

1）朗金主动土压力

由上述分析可知，在主动土压力状态时，大主应力 $\sigma_1 = \gamma z$ 不变，而小主应力为 e_a，由式（3.8）和式（3.10）得：

对黏性土有

$$e_a = \gamma z K_a - 2c\sqrt{K_a} \tag{3.11}$$

对无黏性土有

$$e_a = \gamma z K_a \tag{3.12}$$

式中：K_a——主动土压力系数，$K_a = \tan^2\left(45° - \dfrac{\varphi}{2}\right)$；

γ——土体重度（kN/m^3），地下水位以下用浮重度；

c——黏土黏聚力（kPa）；

z——计算深度（m）；

e_a——主动土压力强度（kPa）。

由式（3.12）可见，无黏性土的主动土压力强度 e_a 与计算深度 z 成正比，土压力强度呈三角形分布，如图 3.3（b）所示，单位围护结构长度上无黏性土主动土压力为

$$E_a = \frac{1}{2}\gamma H^2 K_a \tag{3.13}$$

E_a 通过三角形的形心，作用在围护结构底面以上 $H/3$ 处。

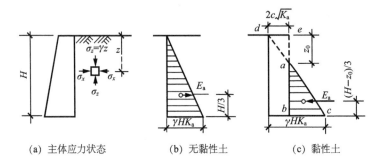

（a）主体应力状态　　　（b）无黏性土　　　（c）黏性土

图 3.3　主动土压力强度分布

同理可得单位围护结构长度上黏性土主动土压力为

$$E_a = \frac{1}{2}\gamma H^2 K_a - 2cH\sqrt{K_a} + \frac{2c^2}{\gamma} \tag{3.14}$$

图 3.3（c）中 z_0 称为临界深度，在地表面无超载的情况下，临界深度 z_0 以上土压力强度为零，这是由于黏土的黏聚力 c 造成的，令式（3.11）为零，可求得 z_0 为

$$z_0 = \frac{2c}{\gamma\sqrt{K_a}} \tag{3.15}$$

E_a 通过图中三角形 abc 的形心，作用在围护结构底面以上 $(H-z_0)/3$ 处。

2）朗金被动土压力

被动土压力状态时，原来的大主应力 $\sigma_1 = \sigma_z = \gamma z$ 转化为小主应力 σ_3，而原来小主应力逐渐增大为大主应力 $\sigma_1 = e_p$，由式（3.7）和式（3.9）可得：

对黏性土有

$$e_p = \gamma z K_p + 2c\sqrt{K_p} \tag{3.16}$$

对无黏性土有

$$e_p = \gamma z K_p \tag{3.17}$$

式中：e_p——被动土压力强度（kPa）；

K_p ——被动土压力系数，$K_p = \tan^2\left(45° + \dfrac{\varphi}{2}\right)$。

无黏性土的被动土压力强度呈三角形分布，黏性土的被动土压力强度呈梯形分布，如图3.4所示。则单位围护结构长度上被动土压力值如下。

对黏性土有

$$E_p = \frac{1}{2}\gamma H^2 K_p + 2cH\sqrt{K_p} \tag{3.18}$$

对无黏性土有

$$E_p = \frac{1}{2}\gamma H^2 K_p \tag{3.19}$$

E_p 通过图3.4所示三角形或梯形的形心。

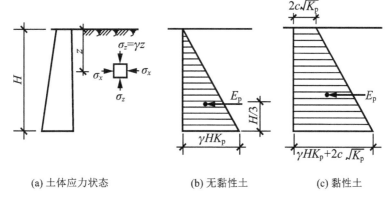

(a) 土体应力状态　　　　(b) 无黏性土　　　　(c) 黏性土

图3.4　被动土压力强度分布

朗金土压力理论中土的应力状态明确，极限平衡理论概念明确，公式简便，因此在基坑工程设计中得到广泛应用。但其围护结构背侧垂直光滑及土体表面水平的假定与实际情况有些出入，其应用范围也受到一定程度的限制。研究结果表明，该理论主动土压力计算值偏大，而被动土压力计算值偏小。

3. 库仑土压力理论

库仑土压力理论是根据滑动楔体的极限平衡状态，由楔体的静力平衡条件推导出来的，其基本假定包括：围护结构后土体为无黏性土；土体处于极限平衡状态时其滑动破坏面为一通过墙踵的平面。

1）库仑主动土压力

如图3.5所示，当围护结构向基坑侧移动或转动时，土体沿一破裂面 BC 破坏瞬间，楔体 ABC 向下滑动而使土体处于主动极限状态。土楔体在自重 W、破裂面 BC 上的反力 R 和围护结构对土楔体反力 E 三力作用下处于静力平衡状态，根据正弦定律可得：

$$E = W \cdot \frac{\sin(\theta - \varphi)}{\sin(\theta - \varphi + \psi)} \tag{3.20}$$

其中：$\psi = 90 - \alpha - \delta$。

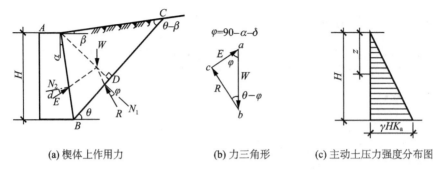

(a) 楔体上作用力　　　　(b) 力三角形　　　(c) 主动土压力强度分布图

图 3.5　库仑主动极限平衡状态

经推导，得反力 E 表达式为

$$E = \frac{1}{2}\gamma H^2 \frac{\cos(\alpha - \beta)\cos(\theta - \alpha)\sin(\theta - \varphi)}{\cos^2\alpha \sin(\theta - \beta)\sin(\theta - \varphi + \psi)}\tag{3.21}$$

式中：滑动面 BC 与水平面的夹角 θ 是假定的，即滑动面 BC 是假定的，根据不同的 θ 值会计算出不同的反力 E，因反力 E 与土压力是作用力与反作用力，所以根据不同的 θ 值会产生不同的土压力值 E。当土压力值最大时，楔体 ABC 最可能产生滑动，此时的夹角 θ 称为破裂角。令式 (3.21) 进行对 θ 的求导，即令 $\dfrac{\mathrm{d}E}{\mathrm{d}\theta}=0$，就可以解得 E 的极大值即主动土压力值 E_a：

$$E_a = \frac{1}{2}\gamma H^2 \frac{\cos^2(\varphi - \alpha)}{\cos^2\alpha\cos(\alpha + \delta)\left[1 + \sqrt{\dfrac{\sin(\varphi + \delta)\sin(\varphi - \beta)}{\cos(\alpha + \delta)\cos(\alpha - \beta)}}\right]^2}\tag{3.22}$$

或

$$E_a = \frac{1}{2}\gamma H^2 K_a\tag{3.23}$$

则有

$$K_a = \frac{\cos^2(\varphi - \alpha)}{\cos^2\alpha\cos(\alpha + \delta)\left[1 + \sqrt{\dfrac{\sin(\varphi + \delta)\sin(\varphi - \beta)}{\cos(\alpha + \delta)\cos(\alpha - \beta)}}\right]^2}\tag{3.24}$$

式中：φ —— 土的内摩擦角（°）。

$\quad\ \ \alpha$ —— 维护结构迎土面的倾角（°）。

$\quad\ \ \beta$ —— 围护结构后地面倾角（°）。

$\quad\ \ K_a$ —— 库仑主动土压力系数。

$\quad\ \ \delta$ —— 围护结构迎土面与土体之间的摩擦角（°），与土性、迎土面粗糙程度和排水条件等因素有关，可按下列原则采用：迎土面粗糙且排水良好时，$\delta = \dfrac{\varphi}{3} \sim \dfrac{\varphi}{2}$；迎土面十分粗糙且排水良好时，$\delta = \dfrac{\varphi}{2} \sim \dfrac{2\varphi}{3}$；迎土面光滑且排水不良时，$\delta = 0 \sim \dfrac{\varphi}{3}$。

事实上，当围护结构竖直（$\alpha=0$）、迎土面光滑（$\delta=0$）、地表水平（$\beta=0$）时，式（3.22）可以简化为

$$E_a = \frac{1}{2}\gamma H^2 \tan^2\left(45° - \frac{\varphi}{2}\right) \tag{3.25}$$

很明显，式（3.25）即为无黏性土的朗金主动土压力，由此可见，朗金土压力理论只是库仑土压力理论的特殊情况。

2）库仑被动土压力

如图 3.6 所示，当围护结构受外力作用向土体移动或转动，沿破裂面 BC 破坏瞬间，楔体 ABC 向上滑动而使土体处于被动极限状态，同样在自重 W、反力 R 和反力 E_p 三力作用下土楔体 ABC 处于平衡状态，经推导可得被动土压力表达式为

$$E_p = \frac{1}{2}\gamma H^2 \cdot \frac{\cos^2(\varphi+\alpha)}{\cos^2\alpha\cos(\alpha-\delta)\left[1+\sqrt{\dfrac{\sin(\varphi+\delta)\sin(\varphi+\beta)}{\cos(\alpha-\delta)\cos(\alpha-\beta)}}\right]^2} \tag{3.26}$$

或

$$E_p = \frac{1}{2}\gamma H^2 K_p \tag{3.27}$$

则有

$$K_p = \frac{\cos^2(\varphi+\alpha)}{\cos^2\alpha\cos(\alpha-\delta)\left[1+\sqrt{\dfrac{\sin(\varphi+\delta)\sin(\varphi+\beta)}{\cos(\alpha-\delta)\cos(\alpha-\beta)}}\right]^2} \tag{3.28}$$

式中：K_p——库仑被动土压力系数。

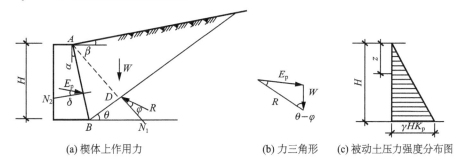

(a) 楔体上作用力　　(b) 力三角形　　(c) 被动土压力强度分布图

图 3.6　库仑被动土压力极限平衡状态

当围护结构竖直（$\alpha=0$）、迎土面光滑（$\delta=0$）、地表水平（$\beta=0$）时，式（3.26）可以简化为

$$E_p = \frac{1}{2}\gamma H^2 \tan^2\left(45° + \frac{\varphi}{2}\right) \tag{3.29}$$

式（3.29）即为无黏性土的朗金被动土压力。

库仑土压力理论是针对无黏性土建立的，对黏性土的库仑土压力计算，常用"等效内摩擦角"φ_D 来综合考虑黏性土的黏聚力 c 对土压力的影响。根据一些工程经验，对一般黏土，地下水位以上取 $\varphi_D = 30°\sim 35°$，地下水位以下取 $\varphi_D = 25°\sim 30°$；或者按照黏

聚力 c 每增大 $10\mathrm{kPa}$，φ_D 提高 $3° \sim 7°$（一般取为 $5°$）来考虑。

4. 现行规范土压力计算

《建筑基坑支护技术规程》（JGJ 120—2012）规定：作用在围护结构上的主动侧荷载标准值 $e_{\mathrm{a/k}}$（图 3.7），对砂类土和粉土按水土分算原则确定；对于黏性土，当有经验时，宜按水土合算原则确定，其表达式分别如下。

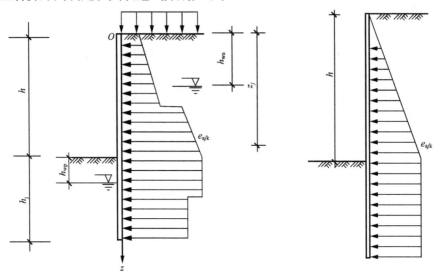

(a) 多层土条件下的主动侧荷载   (b) 无地面荷载、无黏性均质土的主动侧荷载

图 3.7　主动侧荷载标准值计算图

1）碎石土及砂土

（1）当计算点位于地下水位以上时：

$$e_{\mathrm{a/k}} = \sigma_{\mathrm{a/k}}K_{\mathrm{a}i} - 2c_{i\mathrm{k}}\sqrt{K_{\mathrm{a}i}} \qquad (3.30)$$

（2）当计算点位于地下水位以下时：

$$e_{\mathrm{a/k}} = \sigma_{\mathrm{a/k}}K_{\mathrm{a}i} - c_{i\mathrm{k}}\sqrt{K_{\mathrm{a}i}} + \left[(z_j - h_{\mathrm{wa}}) - (m_j - h_{\mathrm{wa}})\eta_{\mathrm{wa}}K_{\mathrm{a}i}\right]\gamma_{\mathrm{w}} \qquad (3.31)$$

式中：$K_{\mathrm{a}i}$ ——第 i 层主动土压力系数，$K_{\mathrm{a}i} = \tan^2\left(45° - \dfrac{\varphi_{i\mathrm{k}}}{2}\right)$；

$\varphi_{i\mathrm{k}}$ ——三轴试验（当有可靠经验时可采用直接剪切试验）确定的第 i 层土固结不排水（快）剪内摩擦角标准值（°）；

$\sigma_{\mathrm{a/k}}$ ——作用于深度 z_j 处的竖向应力标准值，按式（3.33）计算（kPa）；

$c_{i\mathrm{k}}$ ——三轴试验（当有可靠经验时可采用直接剪切试验）确定的第 i 层土固结不排水（快）剪黏聚力标准值（kPa）；

z_j ——计算点深度（m）；

m_j ——计算参数 [当 $z_j < h$ 时，取 z_j；当 $z_j \geq h$ 时，取 h]（m）；

h_{wa} ——基坑外侧水位深度（m）；

η_{wa} ——计算参数 [当 $h_{\mathrm{wa}} \leq h$ 时，取 1；当 $h_{\mathrm{wa}} > h$ 时，取 0]；

γ_{w} ——水的重度（kN/m³）。

2) 粉土及黏性土

对粉土及黏性土,主动侧荷载标准值为

$$e_{ajk} = \sigma_{ajk}K_{ai} - 2c_{ik}\sqrt{K_{ai}} \qquad (3.32)$$

当用上述两式计算基坑开挖面以上主动侧荷载标准值小于零时,取其值为零。

围护结构外侧竖向应力标准值 σ_{ajk} 按下式计算:

$$\sigma_{ajk} = \sigma_{rk} + \sigma_{0k} + \sigma_{1k} \qquad (3.33)$$

计算点深度 z_j 处自重竖向应力 σ_{rk} 值如下:

计算点位于基坑开挖面以上时有

$$\sigma_{rk} = \gamma_{mj}z_j \qquad (3.34)$$

计算点位于基坑开挖面以下时有

$$\sigma_{rk} = \gamma_{mh}h \qquad (3.35)$$

式中:γ_{mj} ——深度 z_j 以上土的加权平均天然重度(kN/m³);

γ_{mh} ——开挖面以上土的加权平均天然重度(kN/m³)。

当围护结构外侧地面作用满布附加荷载 q_0 时(图 3.8),基坑外侧任意深度附加竖向应力标准值 σ_{0k} 为

$$\sigma_{0k} = q_0 \qquad (3.36)$$

当距围护结构 b_1 外侧,地表作用有宽度为 b_0 的条形附加荷载 q_1 时(图 3.9),基坑外侧深度 CD 范围内的附加竖向应力标准值 σ_{1k} 为

$$\sigma_{1k} = q_1\frac{b_0}{b_0 + 2b_1} \qquad (3.37)$$

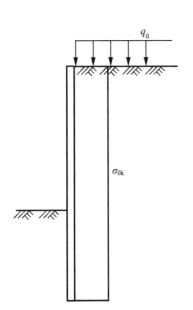

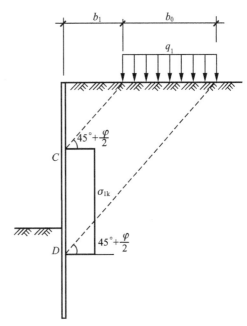

图 3.8 地面均布荷载附加正应力计算图　　图 3.9 地面局部条形荷载附加正应力计算图

上述围护结构外侧附加荷载作用于地表以下一定深度时，将计算点深度相应下移，其竖向应力也可按上述几条来确定。

由式（3.30）和式（3.33）可得，当无地下水且仅有地面满布荷载 q_0 作用时，围护结构主动侧荷载标准值 $e_{a/k}$ 可按下式计算：

$$e_{a/k} = (\gamma_{mj}z_j + q_0)K_{ai} - 2c_{ik}\sqrt{K_{ai}} \tag{3.38}$$

作用在围护结构的被动侧压力标准值 $e_{p/k}$ 的表达式分别如下（图 3.10）：

碎石土及砂土为

$$e_{p/k} = \sigma_{p/k}K_{pi} + 2c_{ik}\sqrt{K_{pi}} + (z_j - h_{wp})(1 - K_{pi})\gamma_w \tag{3.39}$$

粉土及黏性土为

$$e_{p/k} = \sigma_{p/k}K_{pi} + 2c_{ik}\sqrt{K_{pi}} \tag{3.40}$$

式中：$\sigma_{p/k}$ ——作用于距基坑底面以下深度 z_j 处的竖向应力标准值（kPa），$\sigma_{p/k} = \sum\limits_{j=m}^{n} \gamma_{mj}z_j$；

γ_{mj} ——深度 z_j 以上土的加权平均天然重度（kN/m³）；

K_{pi} ——第 i 层土的被动土压力系数，$K_{pi} = \tan^2\left(45° + \dfrac{\varphi_{ik}}{2}\right)$；

h_{wp} ——基坑内侧地下水位距基坑开挖面的距离（m）。

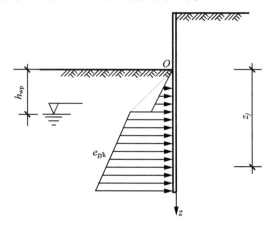

图 3.10　被动侧压力标准值计算图

对于均质土且无地下水时，围护结构被动侧土压力标准值 $e_{p/k}$ 可按下式计算：

$$e_{p/k} = \gamma_{mj}z_jK_{pi} + 2c_{ik}\sqrt{K_{pi}} \tag{3.41}$$

3.4.2　水压力计算

在基坑开挖深度范围内存在地下水时，在计算土压力时应考虑水对土的减重作用，即计算土压力时采用浮重度，再计算作用于围护结构上的静水压力，作用于围护结构上的侧向压力为两者之和。上述处理方法实质上是认为土体孔隙水除一小部分结合水外，其余部分均为自由水，土颗粒悬浮于自由水中，因此采用浮重度 γ' 计算土压力，而自由水是连续的，可传递压力，因此其静水压力应另行计算。这种处理方法适用于砂土、粉土、粉质黏土以及空隙率较大的黏土，无黏性土的主动水压力表达式为

$$E_{aw} = \frac{1}{2}\gamma'H^2K_a + \frac{1}{2}\gamma_w H^2K_w \qquad (3.42)$$

式中：E_{aw}——水土压力（kN）；

$\quad\gamma'$——土的浮重度（kN/m³）；

$\quad K_a$——主动土压力系数；

$\quad\gamma_w$——水的重度；

$\quad H$——围护结构深度（m），此处假定地下水位位于地表面；

$\quad K_w$——水的侧压力系数，$K_w = 1$。

对于一些孔隙率较小的黏土，计算水土压力时一般假设土体孔隙中的水都是处于双电层范围内的结合水，水作为土体的一部分产生侧向压力，此时就直接以土的饱和重度来进行水土压力计算：

$$E_{aw} = \frac{1}{2}\gamma_{sat}H^2K_a = \frac{1}{2}\gamma'H^2K_a + \frac{1}{2}\gamma_w H^2K_a \qquad (3.43)$$

式中：γ_{sat}——土的饱和重度（kN/m³）。

从式（3.42）及式（3.43）可见，由于水的侧压力系数 K_w 大于土的主动侧压力系数 K_a，式（3.43）的水土压力计算值小于式（3.42）的计算值。习惯上将式（3.42）的计算方法称为"水土分算"，而式（3.43）的计算方法称为"水土合算"。由此可见，采用"水土分算"计算方法要偏安全一些。

3.5 基坑支护结构设计

3.5.1 悬臂式支护结构

悬臂式支护结构又称无锚式板桩支护，其上部无任何支撑或锚拉，完全依靠支护桩足够的入土深度来保持基坑的稳定性。因悬臂桩在土压力作用下易产生较大的变形，该支护方法一般只适用于深度不大的临时性基坑工程。

1. 极限平衡法

如图 3.11 所示，悬臂桩支护设计计算主要是确定护坡桩的入土深度和最大弯矩，并由计算弯矩进行桩墙截面设计，主要步骤如下。

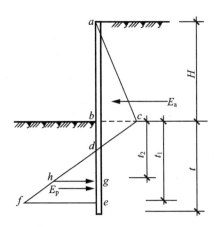

图 3.11   悬臂式板桩计算简图

1）试算法确定支护桩入土深度 t_1

先假定深度 t_1 值，直到满足抗倾覆条件，使安全系数大于 2 为止，即

$$\frac{M_{pc}}{M_{ac}} \geqslant 2.0 \tag{3.44}$$

式中：M_{pc}——被动土压力 E_p 对 e 点的力矩；

M_{ac}——主动土压力 E_a 对 e 点的力矩。

2）确定支护桩的实际入土深度 t

一般将 t_1 增加 15% 左右，即

$$t = (1.1\sim1.2)t_1 \tag{3.45}$$

3）求最大弯矩 M_{max} 及作用点位置 t_2

根据 M_{max} 作用点 g 处的剪力为零，即 g 点净主动土压力 $\triangle acd$ 部分应等于净被动土压力 $\triangle dgh$ 部分。列方程求解，即可求得最大弯矩作用点的位置 t_2：

$$M_{max} = \sum M_g = \Delta M_{ag} - \Delta M_{pg} \tag{3.46}$$

式中：M_{ag}——$\triangle acd$ 部分（主动土压力，包括地面荷载引起的侧压力）对 g 点的力矩；

M_{pg}——$\triangle dgh$ 部分（被动土压力）对 g 点的力矩。

4）支护截面设计

将最大弯矩除以支护板桩材料的许用弯曲应力，可得钢板桩或其他型钢的截面模量，由此选择板桩的型号，并确定板桩的布置间距；或由最大弯矩 M_{max} 进行灌注排桩等的配筋设计计算。

2. 布鲁姆（Blum）法

图 3.12 所示为悬臂桩的计算图形。在图 3.12(a) 中，嵌入基底以下的桩在主动土压力 E_a 推动板桩的同时，桩脚土体中会产生反向被动土压力，它的大小等于主动土压力与被动土压力的差值，即 E_p-E_a，这就形成按土层深度成线性增加的主动土压力 e_a 及被动土压力 e_p，见图 3.12(a) 中所示的土压力分布图形。

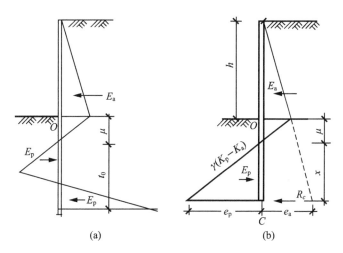

图 3.12　悬臂桩的计算图形

布鲁姆建议以图 3.12(b) 代替图 3.12(a) 的形式，即桩脚处反向被动土压力以一个力 R_c 代替，图 3.12(a) 中入土深度可相应换成图 3.12(b) 中的 x，但必须满足绕桩脚 c 点 $\sum H = 0$，$\sum M_c = 0$ 的平衡条件。

由于土体阻力是逐渐向桩脚增加的，采用图 3.12(b) 代替图 3.12(a) 时，E_p 较实际情况偏大，故用 $\sum M_c = 0$ 计算所得的深度会有一个较小的误差，因此布鲁姆建议将计算得出的 x 值增加 20%，即 $t = 1.2x + \mu$。布鲁姆计算方法如图 3.13 所示。

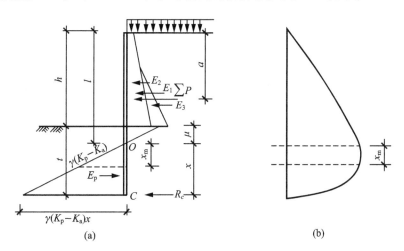

图 3.13　布鲁姆计算方法简图

(1) 求桩插入深度。

图 3.13(a) 中，以 c 点取距，则 $\sum M_c = 0$，即

$$\sum P(l + x - a) - E_p \cdot \frac{1}{3}x = 0$$

$$E_p = \gamma(K_p - K_a)x \cdot \frac{1}{2}x = \frac{1}{2}\gamma(K_p - K_a)x^2$$

代入化简得:

$$x^3 - \frac{6\sum P}{\gamma(K_p - K_a)}x - \frac{6\sum P(l-a)}{\gamma(K_p - K_a)} = 0 \qquad (3.47)$$

其中 $\sum P$ 为主动土压力、水压力及地面超载的合力，a 为合力距地面距离，γ、K_p、K_a 为已知量，$l = h + \mu$，μ 为土压力强度为零的点距基底距离，即满足以下关系:

$$\gamma K_p \mu = \gamma K_a (h + \mu)$$

$$\gamma(K_p - K_a)\mu = \gamma K_a h = e_a'$$

$$\mu = \frac{e_a'}{\gamma(K_p - K_a)} \qquad (3.48)$$

式中: e_a'——基底面以上的主动土压力强度值。

求出 x 值，深度为 $t = 1.2x + \mu$。

(2) 求最大弯矩。

图 3.13 中最大弯矩应发生在剪力 $Q=0$ 处，设从 O 点往下 x_m 处 $Q=0$，由此处被动土压力值应等于 $\sum P$，即

$$\sum P = \frac{1}{2}\gamma(K_p - K_a)x_m^2$$

得:

$$x_m = \sqrt{\frac{2\sum P}{\gamma(K_p - K_a)}} \qquad (3.49)$$

最大弯矩为

$$M_{max} = \sum P(l + x_m - a) - \frac{\gamma(K_p - K_a)}{6}x_m^3 \qquad (3.50)$$

求出最大弯矩即可进行墙体构件设计，比如灌注桩配筋、钢板桩选型等。

【例 3.1】某工程基坑开挖深度为 8m，土体各层加权平均值 $\gamma = 18\text{kN/m}^3$，$c = 18\text{kN/m}^2$，$\varphi = 30°$，地面超载 $q = 20\text{kN/m}^2$，桩顶低于自然地面 1.5m，如图 3.14 所示，求入土深度和最大弯矩。

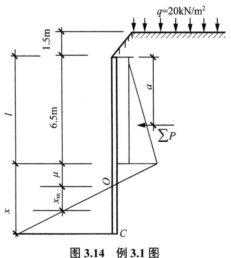

图 3.14　例 3.1 图

解:（1）求板桩入土深度。

①桩顶处地面超载为

$$q' = q + \gamma h = 20 + 1.5 \times 18 = 47(\text{kN/m}^2)$$

②土压力为

$$K_a = \tan^2\left(45° - \frac{\varphi}{2}\right) = \frac{1}{3}$$

$$K_p = \tan^2\left(45° + \frac{\varphi}{2}\right) = 3$$

$$e_a = \gamma h K_a - 2c\sqrt{K_a} = 18 \times 6.5 \times \frac{1}{3} - 2 \times 18 \times \sqrt{\frac{1}{3}} = 18.21(\text{kPa})$$

$$\sum P = q' h K_a + \frac{1}{2} e_a h = 47 \times 6.5 \times \frac{1}{3} + \frac{1}{2} \times 18.21 \times 6.5 = 161.02(\text{kN/m})$$

③参数 a、μ、l 计算如下：

$$a = \left(47 \times 6.5 \times \frac{1}{3} \times \frac{6.5}{2} + \frac{1}{2} \times 18.21 \times 6.5 \times \frac{2}{3} \times 6.5\right) \Big/ 161.02 = 3.65(\text{m})$$

由式（3.48）得：

$$\mu = \left(47 \times \frac{1}{3} + 18.21\right) \Big/ \left[18 \times \left(3 - \frac{1}{3}\right)\right] = 0.706(\text{m})$$

$$l = h + \mu = 6.5 + 0.706 = 7.206(\text{m})$$

④求解 x。将已知量代入式（3.47）得：

$$x^3 - \frac{6 \times 161.02}{18 \times (3 - 1/3)} x - \frac{6 \times 161.02 \times (7.206 - 3.65)}{18(3 - 1/3)} = 0$$

求得 $x=5.84\text{m}$。

⑤求入土深度 t 和最大弯矩：

$$t = 1.2x + \mu = 1.2 \times 5.84 + 0.706 = 7.71(\text{m})$$

（2）最大弯矩位置为

$$x_m = \sqrt{\frac{2\sum P}{\gamma(K_p - K_a)}} = \sqrt{\frac{2 \times 161.02}{18 \times (3 - 1/3)}} = 2.59(\text{m})$$

$$M_{\max} = \sum P(1 + x_m - a) - \frac{1}{6}\gamma(K_p - K_a)x_m^3$$

$$= 161.02 \times (7.206 + 2.59 - 3.65) - \frac{1}{6} \times 18 \times (3 - 1/3) \times 2.59^3$$

$$= 850.64(\text{kN·m/m})$$

故本工程桩身入土深度为 7.71m，每延米板桩墙的最大弯矩为 850.64kN·m。

3.5.2 单锚式支护结构

对于单锚式支护结构，根据护桩嵌入基坑底面的深度大小，分为浅埋和深埋两种情况。一般将浅埋的视为简支梁，深埋的视为超静定梁。

1. 浅埋式单锚支护结构

当板桩墙的入土深度不大时，在土体内未形成嵌固作用，板桩墙受到土体的自由支承，同时上端承受支撑的支承作用，如图 3.15 所示。

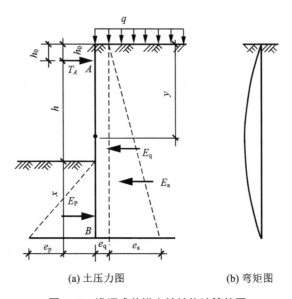

(a) 土压力图   (b) 弯矩图

图 3.15　浅埋式单锚支护结构计算简图

（1）求板桩墙入土深度 x。

根据对支锚反力作用点的条件 $\sum M_A = 0$ 求 x，即

$$E_a\left[\frac{2}{3}(h+x)-h_0\right]+E_q\left[\frac{1}{2}(h+x)-h_0\right]-E_p\left(\frac{2}{3}x+h-h_0\right)=0 \qquad (3.51)$$

式中：E_q——地面超载 q 引起的侧土压力。

将主动土压力和被动土压力代入上式，即可得到关于 x 的一元三次方程，求解即可得出墙体入土深度 x 的值。

此式得出的入土深度 x 值是从强度计算出发的，另外还应该满足抗滑移、抗倾覆、抗隆起和抗管涌等稳定性要求。一般情况下，计算所得的入土深度在施工中应乘以一个安全系数 K（K 取 $1.1 \sim 1.5$），以确保安全。

（2）求支撑反力 R_a。

求出入土深度 x 后，利用平衡条件 $\sum H = 0$，即

$$R_a = E_a + E_q - E_p \qquad (3.52)$$

即可求得每延米上的支撑反力 R_a 的值，再乘以支撑间距即可得单根支撑轴力。

(3) 求最大弯矩 $M_{\max}$。

最大弯矩发生于剪力为零处，设从墙顶往下 y 处剪力为零，即

$$\frac{1}{2}\gamma K_a y^2 + qK_a y - R_a = 0 \tag{3.53}$$

则有

$$M_{\max} = R_a(y - h_0) - \frac{1}{2}qK_a y^2 - \frac{1}{6}\gamma K_a y^3 \tag{3.54}$$

通过联解以上两式，即可求出墙身所受最大弯矩的值，从而可进行下一步的构件设计。

【例3.2】某工程基坑开挖深度6m，支撑位于墙顶下1m，土体各层加权平均值 $\varphi = 30°$，$\gamma = 18\text{kN/m}^3$，$c=0$，地面超载 $q = 20\text{kN/m}^2$，求入土深度、支撑反力和最大弯矩。

解：（1）求板桩墙入土深度 x。

根据题意，有 $h=6\text{m}$，$h_0 = 1\text{m}$，$K_a = \tan^2\left(45° - \dfrac{\varphi}{2}\right) = \dfrac{1}{3}$，$K_p = \tan^2\left(45° + \dfrac{\varphi}{2}\right) = 3$，则有

$$E_a = \frac{1}{2} \times 18 \times (6+x)^2 \times \frac{1}{3} = 3(6+x)^2$$

$$E_p = \frac{1}{2} \times 18 \times x^2 \times 3 = 27x^3$$

$$E_q = 20 \times (6+x) \times \frac{1}{3} = \frac{20}{3}(6+x)$$

代入式（3.51），经化简得：

$$x^3 + 6.17x^2 - 13.33x - 25.25 = 0$$

解得 $x=2.62\text{m}$，施工时尚应乘以 $K=1.1 \sim 1.5$。

（2）求支撑反力 R_a。

由 $x=2.62\text{m}$，得 $E_a = 3 \times (6+2.62)^2 = 222.91(\text{kN/m})$，$E_p = 27 \times 2.62^2 = 185.34(\text{kN/m})$，$E_q = \dfrac{20}{3} \times (6+2.62) = 57.47(\text{kN/m})$，代入式（3.52）得每延米支撑反力为

$$R_a = E_a + E_q - E_p = 222.91 + 57.47 - 185.34 = 95.04(\text{kN/m})$$

（3）求最大弯矩 $M_{\max}$。

由式（3.53），有

$$\frac{1}{2} \times 18 \times \frac{1}{3}y^2 + 20 \times \frac{1}{3}y - 95.04 = 0$$

解得 $y=4.63(\text{m})$，代入式（3.54）得：

$$M_{\max} = 95.04 \times (4.63-1) - \frac{1}{2} \times 20 \times \frac{1}{3} \times 4.63^2 - \frac{1}{6} \times 18 \times \frac{1}{3} \times 4.63^3 = 174.29(\text{kN·m/m})$$

即每延米墙体承受的最大弯矩为 174.29 kN·m，发生于墙顶下 4.63m 处。

2. 深埋式单锚支护结构

单锚桩墙支护结构入土较深时，其下端视为固定端，整个支护结构可看作为超静定梁，护桩入土较深，可以减少地下水渗入，使墙后土体更加安全稳定，避免发生滑动失稳或

管涌问题。由于按超静定梁进行支护结构设计计算比较复杂，用等值梁法计算比较简便。

如图 3.16 所示，等值梁法的基本原理是：假设将支护桩墙在负弯矩转折点 *d* 处截断，在 *d* 处设置一支点，使 *ad* 段弯矩不变，即 *ad* 梁为 *ac* 梁上 *ad* 段的等值梁。实际上，反弯点与土压力强度为零的那一点很接近，故可用土压力为零的点代替反弯点，其误差较小，对计算结果影响不大。

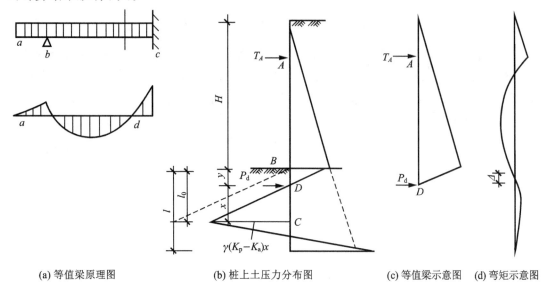

(a) 等值梁原理图　　　　(b) 桩上土压力分布图　　　　(c) 等值梁示意图　　(d) 弯矩示意图

图 3.16　等值梁计算单锚桩简图

板桩墙在土压力的作用下产生变形，因而使土与墙体之间产生相对位移，产生摩擦力，由于板砖变形时墙前的土体破坏棱体向上移动，而使墙体对土产生向下的摩擦力，从而使墙前的被动土压力有所增大；板桩墙变形时墙后的土体破坏棱体向下移动，使墙体对土体产生向上的摩擦力，从而使墙后的被动土压力和主动土压力有所减少。为此，在计算中考虑板桩墙与土体的摩擦作用，将墙前和墙后的被动土压力分别乘以修正系数 *K* 和 *K'*。为了安全起见，一般对主动土压力不予折减。

综上所述，作用在板桩墙上的被动土压力系数按下式计算：

板桩墙前为

$$\overline{K_p} = K \cdot K_p = K \cdot \tan^2(45° + \varphi/2) \tag{3.55}$$

板桩墙后

$$\overline{K_p}' = K' \cdot K_p = K' \cdot \tan^2(45° + \varphi/2) \tag{3.56}$$

被动土压力修正系数见表 3.4。

表 3.4　等值梁法被动土压力修正系数

土体内摩擦角 φ	40°	35°	30°	25°	20°	15°	10°
K	2.3	2.0	1.8	1.7	1.6	1.4	1.2
K'	0.4	0.4	0.5	0.6	0.6	0.8	1.0

等值梁法计算步骤如下。

(1) 计算反弯点位置,将板桩墙上土压力强度等于零的点作为反弯点位置,计算其离挖土面的距离 y。在 y 处墙前主动土压力强度等于被动土压力强度,即 $\gamma y \overline{K_p} = \gamma (H+y) K_a$,故可得:

$$y = \frac{HK_a}{\overline{K_p} - K_a} \tag{3.57}$$

(2) 按简支梁计算等值梁的最大弯矩 M_{max} 和两个支点的反力 T_A 和 P_d。

(3) 计算墙体的最小入土深度 t_0:

$$t_0 = y + x$$

x 可以根据 P_d 和墙前被动土压力对板桩底端 D 的力矩相等的原理求得,即

$$P_d x = \frac{1}{6} \gamma (\overline{K_p} - K_a) x^3$$

可得:

$$x = \sqrt{\frac{6P_d}{\gamma (\overline{K_p} - K_a)}} \tag{3.58}$$

$$t_0 = y + \sqrt{\frac{6P_d}{\gamma (\overline{K_p} - K_a)}}$$

墙体下端的实际埋深应位于 x 以下,所以墙体的入土深度应为

$$t = Kt_0 \tag{3.59}$$

式中: K——经验系数,取 $1.1 \sim 1.2$。

【例 3.3】某工程基坑开挖深度为 10m,支撑位于墙顶以下 2m,间距为 6m,土体各层的加权平均值 $\gamma = 18 \text{kN/m}^3$,$\varphi = 30°$,$c = 0$。求墙体入土深度 t、支撑反力和墙身最大弯矩。

解: 基坑结构如图 3.17 所示。

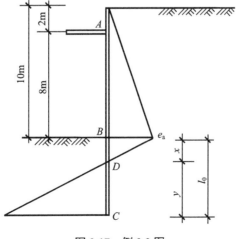

图 3.17 例 3.3 图

(1) 绘土压力强度分布图，$\overline{K}_p = K \cdot K_p$，查表 3.4 得 $K=1.8$，则有

$$\overline{K}_p = 1.8 \tan^2\left(45° + \frac{\varphi}{2}\right) = 5.4$$

(2) 根据式（3.57），有 $y = \dfrac{HK_a}{\overline{K}_p - K_a} = \dfrac{10 \times \frac{1}{3}}{5.4 - \frac{1}{3}} = 0.658(\text{m})$

(3) 按简支梁计算上部墙体，由 $\sum M_D = 0$，有

$$T_A \times (8 + 0.658) = \frac{1}{2} \times 10 \times 60 \times \left(\frac{10}{3} + 0.658\right) + \frac{1}{2} \times 60 \times 0.658 \times \frac{2}{3} \times 0.658$$

得：

$$T_A = 139.3(\text{kN/m})$$

$$P_d = \frac{1}{2} \times 60 \times (10 + 0.658) - T_A = 180.44(\text{kN/m})$$

最大弯矩发生于剪力为零处，设距墙顶 x_0 处剪力为零，即 $\frac{1}{2} x_0 \gamma x_0 K_a = T_A$，得：

$$x_0 = \sqrt{\frac{2T_A}{\gamma K_a}} = \sqrt{\frac{2 \times 139.3}{18 \times \frac{1}{3}}} = 6.814(\text{m})$$

故有

$$M_{\max} = T_A(x_0 - 2) - \frac{1}{6}\gamma K_a x_0^3 = 139.3 \times (6.814 - 2) - \frac{1}{6} \times 18 \times \frac{1}{3} \times 6.814^3 = 354.2(\text{kN·m/m})$$

即支护墙体每延米的最大弯矩为 354.2 kN·m，支撑反力为 139.3 kN/m，每根支撑反力为 139.3×6=835.8（kN）。

(4) 由式（3.58）得：

$$x = \sqrt{\frac{6P_d}{\gamma(\overline{K}_p - K_a)}} = \sqrt{\frac{6 \times 180.44}{18 \times \left(5.4 - \frac{1}{3}\right)}} = 3.45(\text{m})$$

$$t_0 = y + x = 0.658 + 3.45 = 4.11(\text{m})$$

由式（3.59）得墙体入土深度为

$$t = Kt_0 = 1.2 \times 4.11 = 4.93(\text{m})$$

3.5.3 多层锚拉支护结构

1. 支锚结构的层间距布置形式和计算

1）等弯矩布置

支锚的等弯矩布置如图 3.18 所示，这种布置形式是将支撑（或锚杆）布置成使桩

墙各跨度最大弯矩相等，并等于板桩的容许抵抗弯矩，以充分利用板桩的抗弯强度。但对于较深基坑，因下部的支锚层距过小，层数多，并不经济。等弯矩布置计算步骤如下。

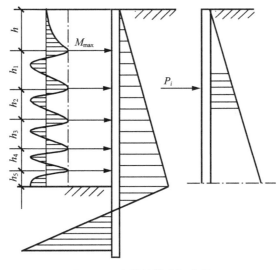

图 3.18 支锚的等弯矩布置

（1）根据工程情况，选出板桩类型和型号，即其截面模量 W、抗弯强度设计值 f_y 为已知。

（2）计算板桩悬臂部分最大允许跨度 h。由

$$f_y = \frac{M_{max}}{W} = \frac{1}{6} \times \frac{\gamma K_a h^3}{W}$$

得

$$h = \sqrt[3]{\frac{6 f_y W}{\gamma K_a}} \tag{3.60}$$

（3）计算板桩下部各层支锚跨度，可将支护板桩看作一个承受三角形土压力的连续梁，各支点均假设为不转动，即每个跨度都看作为两端固定的梁，按一般力学原理计算出各支点的最大弯矩都等于 M_{max} 时各跨的跨度。

经计算得：$h_1 = 1.11h$，$h_2 = 0.88h$，$h_3 = 0.77h$，$h_4 = 0.70h$，$h_5 = 0.65h$，$h_6 = 0.61h$，$h_7 = 0.58h$，$h_8 = 0.55h$。

（4）若支锚层数过多或过少，可重新选择板桩类型和型号，按以上步骤重新计算。

（5）各支点的支反力可按 1/2 分担法计算，取板桩上对应部分的土压力。

2）等反力布置

支锚的等反力布置如图 3.19 所示，将板桩间距布置成各层支锚反力基本相等，使支锚系统设计简化。但当基坑较深时，下部的支锚层距过小，层数多，同样不经济。等反力布置计算步骤如下。

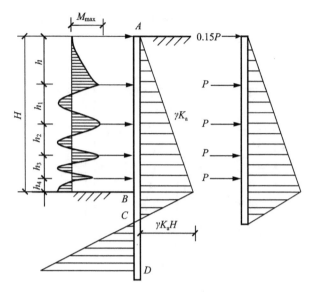

图 3.19 支锚的等反力布置

(1) 将板桩视为承受三角形土压力的连续梁，除最上端支锚需承受 $0.15P$ 的支反力外，其余各层支锚反力均为 P。根据基坑条件先选定 h 之后，各层支锚间距经计算得：$h_1 = 0.60h$，$h_2 = 0.45h$，$h_3 = 0.36h$，$h_4 = 0.32h$。

(2) 取支锚层数（包括地面围檩支护）为 n，可计算出各层支锚反力 P。

$$(n-1)P + 0.15P = \frac{1}{2} \gamma K_a H^2$$

得：

$$P = \frac{\gamma K_a H^2}{2(n-0.85)} \tag{3.61}$$

(3) 按第一跨的最大弯矩 M_{max} 进行板桩截面设计。实际上，等反力布置时下部各跨的弯矩较小，使板桩强度发挥不充分，下部支锚间距也小，给施工造成许多不便，宜作适当调整。

3) 等间距布置

支锚的等间距布置如图 3.20 所示，是将支锚结构的上、下排间距选用相等数值，但最下一跨应选用较小值（最下一跨的跨距实际上是指支锚作用点到被动土压力作用点之间的距离）。当基坑较深时，采用等间距布置能有效减少支锚层数，降低成本。等间距布置计算步骤如下。

(1) 根据土质条件选择支锚间距，基坑底以上土压力可按矩形或偏梯形计算，除最上端 $H/4$ 段按三角形分布以外，其余为等值均匀分布。

(2) 按内力分配系数法计算各跨的弯矩值。支座弯矩为

$$M = ql^2 / 10 \tag{3.62}$$

跨中弯矩为

$$M = ql^2 / 20 \tag{3.63}$$

式中：q —— 板桩墙后土压力强度(kN/m^2)；

$\quad\quad l$ —— 支锚的层间距（m）。

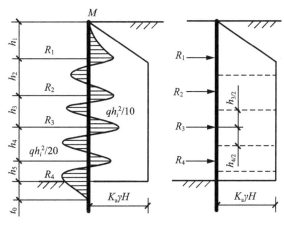

图 3.20 支锚的等间距布置

（3）各层支锚反力按 1/2 分担法计算：

$$R = ql = q(l_i + l_{i+1}) / 2 \tag{3.64}$$

（4）等间距布置有时也需作些调整，当间距相差不超过 10% 时，可近似看作各层间距相等，上述公式仍然适用。

2. 护桩的入土深度计算

对于多层支护板桩的入土深度，可以采用盾恩近似法计算，盾恩近似法的步骤如下。

（1）绘制土压力分布图，对于主动土压力，基坑底面以上按三角形分布，基坑底面以下按矩形分布；对于净被动土压力，按$\gamma(K_p - K_a)$线呈三角形分布，如图 3.21 所示。

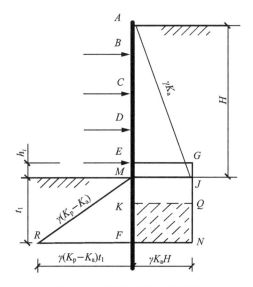

图 3.21 盾恩近似法计算图

(2) 按 1/2 分担法，假定 *EF* 段桩墙后的土压力 *EGNF* 的上一半传给 *E* 点，下一半则由墙前净被动土压力 *P* 承受，即图中的 △*MRF* 面积等于矩形 *KQNF* 部分面积。由

$$\frac{1}{2}\gamma HK_a(h_i + t_1) = \frac{1}{2}\gamma(K_p - K_a)t_1^2$$

得

$$(K_p - K_a)t_1^2 - HK_a t_1 - HK_a h_i = 0 \qquad (3.65)$$

解方程即可求得板桩最低入土深度 t_1 值。同理，$t = (1.1 \sim 1.2)t_1$。

(3) 对于最上端一跨桩墙，可采用简支梁法计算弯矩极值及作用点位置；而对于下部各跨，则需用连续梁内力分配系数法计算各支点和跨中的弯矩极值。

(4) 最下一跨的 *E*、*K* 两点皆可看作为固定端，应按两端固定的梁来计算其极值弯矩；且最下一道支锚作用点（*E* 点）的弯矩往往为极值弯矩。跨距为

$$|EK| = h_i + \frac{2}{3}t_1 \qquad (3.66)$$

弯矩为

$$M_E = \frac{\gamma HK_a}{12}\left(h_i + \frac{2}{3}t_1\right)^2 \qquad (3.67)$$

(5) 按 1/2 分担法求出各层支锚结构水平反力，再乘以不均匀系数 1.35 就是各层支锚的水平力设计值。

(6) 将以上计算出的弯矩极值进行比较，并按其绝对值最大者 max 进行板桩截面设计。

3.6 基坑稳定性分析

板式支护体系的稳定性验算是基坑工程设计计算的重要环节。在分析中所需地质资料要能反映基坑顶面以下至少 2 ～ 3 倍基坑开挖深度的工程地质和水文地质条件。对于板式支护体系的分析，包括整体稳定性分析、抗倾覆或踢脚稳定性分析、基底抗隆起稳定性分析和抗管涌验算等方面。

3.6.1 整体抗滑移稳定性分析

板式支护结构和地基的整体滑动稳定性验算，通常采用通过墙底土层的圆弧滑动面计算。当墙底以下地基土有软弱层时，尚应考虑可能发生的非圆弧滑动面情况。有渗流时，应计及渗流力的作用。

采用圆弧滑动面验算板式支护结构和地基的整体抗滑移稳定性时，应注意板式支护结构一般有内支撑或外拉锚结构及墙面垂直的特点，不同于边坡稳定性验算的圆弧滑动，滑动面的圆心一般在坑壁墙面上方，靠坑内侧附近。宜通过试算确定最危险的滑动面和

最小安全系数，当不计支撑或锚拉力的作用，且考虑渗流力的作用时，整体抗滑移稳定性的容许最小安全系数应不小于 1.25；当考虑支撑或锚拉力作用时，整体稳定性可不验算，除非支撑或锚碇失效或锚杆长度在土体滑动面以内。

对于悬臂式支护结构，需进行整体抗滑移稳定性验算，如图 3.22 所示，计算公式如下：

$$K = \frac{\sum\limits_{i=1}^{n} c_i l_i + \sum\limits_{i=1}^{n}(q_i b_i + \gamma_i b_i h_i)\cos\alpha_i \tan\varphi_i}{\sum\limits_{i=1}^{n}(q_i b_i + \gamma_i b_i h_i)\sin\alpha_i} \tag{3.68}$$

式中：K——边坡抗滑移稳定性安全系数；

c_i——第 i 分条土的黏聚力（kPa）；

l_i——第 i 分条的圆弧长度（m）；

q_i——第 i 分条的底面荷载（kN/m²）；

γ_i——第 i 分条土的重度，无渗流作用时，地下水位以上取土的天然重度，地下水位以下取浮重度（kN/m³）；

b_i——第 i 分条的宽度（m）；

h_i——第 i 分条的高度（m），取平均值；

α_i——第 i 分条弧线中点切线与水平线夹角（°）；

φ_i——第 i 分条的内摩擦角（°）。

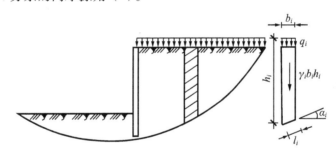

图 3.22　圆弧条分法计算悬臂式支护结构整体滑动失稳

K 值的选取根据建筑物的重要程度、土体性质、c 值和 φ 值的可靠程度及地区经验考虑，一般取 1.1 ～ 1.5。

3.6.2　抗倾覆稳定性分析

板式支护结构的抗倾覆稳定性又称踢脚稳定性，是验算最下道支撑以下的主动、被动土压力绕最下道支撑点的转动力矩是否平衡。

图 3.23 所示为抗倾覆稳定计算简图。板式支护结构的抗倾覆稳定性可按下式验算：

$$K_Q = \frac{M_{RC}}{M_{OC}} \tag{3.69}$$

式中：K_Q——抗倾覆稳定性安全系数，根据基坑重要性等级，一级基坑取 1.20，二级基坑取 1.10，三级基坑取 1.05；

M_{RC}——抗倾覆力矩，取基坑开挖面以下墙体入土部分坑内侧压力对最下一道支撑或拉锚点的力矩；

M_{OC}——倾覆力矩，取最下一道支撑以下墙外侧压力对支撑点的力矩。

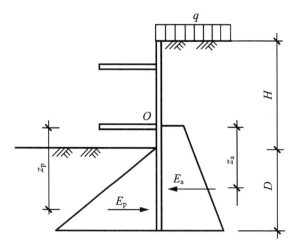

图 3.23　抗倾覆稳定计算简图

3.6.3　基底抗隆起稳定性分析

对于软黏土地基，在开挖基坑过程中，由于基坑内外地基土存在压力差，当此压力差值超出基坑底面以下地基土承载力时，地基的受力平衡状态将被打破，从而发生支护结构背侧的土体塑性流动，最终导致坑面塌陷和坑底隆起的现象。为此，需对此类基坑进行抗隆起稳定性验算，验算方法主要有以下两种。

1. 临界滑动面稳定性验算

如图 3.24 所示，对于支撑（或拉锚）支护结构，滑动圆弧面圆心一般认为是最下一层支撑（或拉锚）的作用点处，设滑动半径为 x，滑动力矩为 M_d，抗滑力矩为 M_r，抗隆起安全系数为 K_l，则有

$$M_d = W \cdot \frac{x}{2} = (q + \gamma H) \cdot \frac{x^2}{2}$$

$$M_r = x \int_0^{\frac{\pi}{2}+\theta_0} \tau(x\mathrm{d}\theta) = \left(\frac{\pi}{2}+\theta_0\right)\tau x^2$$

$$K_l = \frac{M_r}{M_d} \geqslant 1.2 \tag{3.70}$$

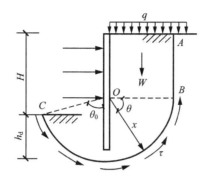

图 3.24　临界滑动面稳定性验算

2. 地基承载力验算

1）太沙基－派克（Terzaghi-Peck）法

如图 3.25 所示，当开挖面以下形成滑动面时，因支挡结构背侧土体下沉，其垂直面上的土体抗剪强度将难以发挥，开挖面以上土的垂直压力将减少。

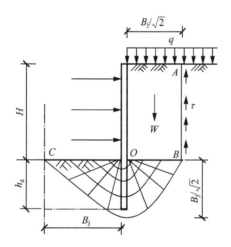

图 3.25　**Terzaghi-Peck 法**

基坑底面 OB 处总压力为

$$P = (\gamma H + q)\frac{B_j}{\sqrt{2}} - \tau H$$

单位面积上的压力为

$$p_v = \frac{P}{B_j / \sqrt{2}} = \gamma H + q - \frac{\sqrt{2}\tau H}{B_j}$$

对于饱和黏性土，其土体抗剪强度 $\tau = c$，地基极限承载力为 $R = 5.7c$（c 为内聚力），则抗隆起安全系数为

$$K_l = \frac{R}{p_v} \geqslant 1.5 \tag{3.71}$$

2) 柯克－克里西泽尔（Caquot-Kerisel）法

如果基坑挡墙的插入深度不够，即使在无水的情况下，基坑底面也会有隆起的危险，如图 3.26 所示。设以墙底的水平为基准面，根据滑动理论，可推导出：

$$P_1 = P_2 \tan^2(45° + \varphi/2) e^{\pi\tan\varphi} = P_2 K_p e^{\pi\tan\varphi} \quad \text{或} \quad h_d = \frac{H_0}{K_p e^{\pi\tan\varphi}}$$

则抗隆起安全系数为

$$K = \frac{h_1}{h_d} = \frac{H_1 - H}{h_d} > 1.0 \tag{3.72}$$

式中：H_0——基坑支挡墙地面以下深度，应为基坑深度与坑底入土深度之和；

H_1——支护结构底端标高深度，即总实际长度；

H——基坑深度；

K_p——土体被动土压力。

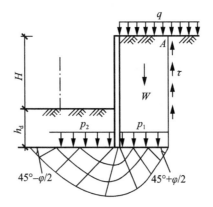

图 3.26　Caquot-Kerisel 法

本 章 小 结

本章着重介绍了支护结构的类型、适用条件及破坏形式，以及相关的设计原则。应掌握悬臂支护、单点支护、多点支护的设计计算方法，理解稳定性分析要点。

重点掌握极限平衡法、布鲁姆（Blum）法、浅埋式单锚支护结构、深埋式单锚支护结构、等弯矩布置、等反力布置、等间距布置、整体抗滑移稳定性分析、抗倾覆稳定性分析、基底抗隆起稳定性分析的设计和分析方法，熟练运用这些方法，以达到安全可靠、经济适用。其一般步骤如下：

（1）对设计项目进行作用分析及荷载组合；

（2）用可行的方法进行内力分析；

（3）取截面进行截面设计；

（4）进行定性分析。

思 考 题

3.1 常用的基坑支护形式有哪些?

3.2 支护结构设计的原则及内容是什么?

3.3 悬臂支护、单点支护、多点支护的设计原理是什么?

习 题

3.1 高度为 4m 重力式挡土墙,墙后填土两层,上层为砂土,厚 2m,$c_1=0$,$\varphi_1=32°$,$\gamma_1=18.0kN/m^3$;下层为黏土,厚 2m,$c_2=10kPa$,$\varphi_2=18°$,$\gamma_2=17.0kN/m^3$。试按朗金土压力理论计算作用于墙背的主动土压力合力值 E_a。

3.2 某工程基坑开挖深度 6m,土体各层加权平均值 $\gamma=18kN/m^3$,$c=22kN/m^2$,$\varphi=30°$,采用悬臂式支护。试求支护桩的入土深度和最大弯矩。

3.3 某工程基坑开挖深度 8m,土体各层加权平均值 $\varphi=28°$,$\gamma=18.5kN/m$,$c=0$,地面超载 $q=10kN/m^2$,采用单锚支撑,支撑位于地面下 1m。试求支护桩入土深度、支撑反力和最大弯矩。

第**4**章
贮 液 池

知识模块	掌握程度	知识要点
荷载的统计及荷载组合	重点掌握	地上、地下、半地下式的组合情况，荷载的计算方法
池壁的计算简图、内力计算方法	重点掌握	圆形贮液池的池壁内力分析，矩形贮液池的池壁单双向板的规定、计算高度的确定
构造设计	了解	节点的简化、尺寸的确定、节点的构造要求
贮液池稳定性验算	掌握	整体抗浮稳定性分析，局部抗倾覆稳定性验算

本章技能要点

技能要点	掌握程度	应用方向
圆形贮液池内力公式推导	理解	为查表法做准备
圆形贮液池查表法	重点掌握	针对不同情况的内力计算
矩形贮液池池壁板的计算	重点掌握	贮液池单双向板的规定、内力计算、配筋的规则

 导入案例

　　水池在我国很早以前就有诗书记载。如（南唐）冯延巳有诗云："风乍起，吹皱一池春水。闲引鸳鸯香径里，手捋红杏蕊。斗鸭阑干独倚，碧玉搔头斜坠。终日望君君不至，举头闻鹊喜。"又如南宋杨万里有诗云："泉眼无声惜细流，树阴照水爱晴柔，小荷才露尖尖角，早有蜻蜓立上头。"

　　随着小区住宅的百花齐放，贮液池的形式越来越多了，为了保证水池的适用性，对贮液池的裂缝控制尤为重要。根据设计规范，矩形构筑物伸缩缝之间最大间距一般为 20～30m。近年来，一方面工艺所要求的贮液池长度已远远超过了规范给出的间距，另一方面随着建筑材料、施工方法的改进，又为超长水池不设缝、少设缝提供了可能。设计人员在具体设计时，应根据地基、气温等工程情况，考虑是否设缝及相应的施工方法，认真进行计算并采取适当设计措施。

　　在贮液池设计中，对结构强度、裂缝开展宽度、抗浮等计算，一般均能按规范要求考虑得较好，但是由温度、变形及不均匀沉降所引起的开裂，在工程中却常常遇到。大多数出现裂缝的工程实例表明，设计中对温度、混凝土收缩变形等影响因素欠缺考虑是出现问题的主要原因。

別墅水池图　　　　　　　　　　　石雕塑水池图

4.1　贮液池概述

4.1.1　贮液池的定义、应用及尺寸的确定

贮液池是贮存石油、水及各种液体的构筑物。

贮液池在煤炭地面建筑、给排水工程、石油、化工等各种工业企业中有广泛应用。

贮液池的尺寸一般由工艺人员提供资料，土建人员根据给定的要求、地质情况、材料的供应、施工情况、经济比较等来确定。

4.1.2　贮液池的类别

贮液池可按多种方式划分类别。

按形式划分：有矩形（单格、多格）、圆形（球壳形、圆柱形、圆锥形）。

按容积划分：有小型（$< 200m^3$）、大型（$> 300m^3$）、中型。

按埋置深度划分：有地上式、地下式、半地上式。

按顶盖类型划分：有封闭式、开口式。

各种贮液池形式如图 4.1 所示。

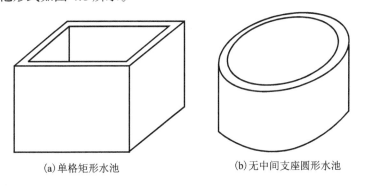

(a)单格矩形水池　　　　　　　　　(b)无中间支座圆形水池

图 4.1　各种贮液池形式

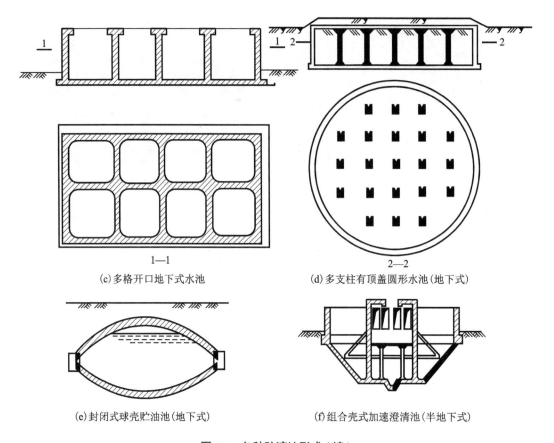

1—1

(c)多格开口地下式水池

2—2

(d)多支柱有顶盖圆形水池(地下式)

(e)封闭式球壳贮油池(地下式)

(f)组合壳式加速澄清池(半地下式)

图 4.1　各种贮液池形式（续）

4.1.3　贮液池功能要求

1. 对抗渗性能的要求

抗渗等级是指龄期为 28 天的混凝土试件，施加 $0.1kN/m^3$ 水压后满足不渗水的指标 P_i。如果抗渗性不满足要求，须采取以下措施。

（1）增加水泥用量，但用量过多会加大干缩量。普通混凝土的水泥用量不宜超过 $360kg/m^3$，预应力混凝土的水泥用量不宜超过 $410kg/m^3$。

（2）加入各种防水掺合料来提高其抗渗性能。

（3）改变级配，提高抗渗能力。

（4）加强振捣，提高混凝土的密实性。

2. 对抗冻性能的要求

位于寒冷或严寒地区的外露钢筋混凝土贮液池，应保证其混凝土具有良好的抗冻性能。为此混凝土一般不应低于 C25 级，水灰比不应大于 0.55，水泥用量也同样不应超过抗渗性所要求的标准。

3. 对抗侵蚀性能的要求

对接触弱侵蚀性介质的混凝土，可选用适宜品种的水泥、骨料（如火山灰质水泥的抗侵蚀性好，特别是对抗硫酸盐的侵蚀更为有利），也可加设贴面。另外在混凝土保护层最小厚度规定上更严一些，如表 4.1 所列。

表 4.1　给排水构筑物混凝土保护层的最小厚度

构件类别		工作条件	保护层厚度 /mm
受力钢筋	墙、板	与水、土接触或高湿度	25
		与污水接触或受水汽影响	30
	梁、柱	与水、土接触或高湿度	30
		与污水接触或受水汽影响	35
	基础、底板	有垫层的下层筋	35
		无垫层的下层筋	70
分布筋及箍筋	墙、板	与水、土接触或高湿度	15
		与污水接触或受水汽影响	20
	梁、柱	与水、土接触或高湿度	20
		与污水接触或受水汽影响	25

注：不与水、土接触或不受水汽影响的条件下，钢筋的混凝土保护层的最小厚度，应按现行的《钢筋混凝土结构设计规范》的有关规定采用。

4.1.4　贮液池稳定性要求

位于地下水位以下的贮液池，当池内无液体或液体很少时，如果地下水对贮液池的浮力大于水池的总重量，则存在整个贮液池被浮托起来的危险，在设计中必须予以考虑。

（1）基础底面上的局部，地下单位面积的水浮托力可按下式计算：

$$p_{fw} = \gamma_w h_w \eta_{fw} \tag{4.1}$$

总浮托力为

$$P_{fw} = A p_{fw} \tag{4.2}$$

式中：A——水池底面积；

η_{fw}——浮力折减系数，对非岩质地基取 1.0，对岩质地基按其破碎程度确定。

抗浮总重量为

$$G_R = 池总重 + 池顶覆土总重 + 底面向外挑出部分上的土重$$

当垫层和底板可靠锚住时，可计及垫层的浮重。池总重内不包括池内液体的重量。

（2）贮液池整体稳定性要求。贮液池的整体稳定性按下式核算：

$$\frac{G_R}{P_{fw}} \geq 1.05 \tag{4.3}$$

（3）局部抗浮要求。池壁传递的抗浮力所占的比例过大，会发生中间支柱向上浮（移动）的现象，造成板开裂。故有如下要求：

$$(G_R / A) / p_{fw} \geqslant 1.0 \tag{4.4}$$

其中 $\dfrac{G_R}{A}$ 要扣除池壁的重量。

（4）抗浮性能不满足要求时的处理措施。

①当抗浮稳定性不能满足时，可增加覆土厚度、加大挑出底板尺寸、设置锚桩、底板内砌石或加混凝土配重等，在山区还可通过设置地锚的办法来抗浮。

②当局部抗浮性能不满足时，上述方法中除加大挑出底板尺寸的办法不适用外，其他方法仍可采用。

4.2 贮液池的荷载及其组合

4.2.1 贮液池的荷载计算

贮液池可能出现的荷载，包括各部分的自重、池壁内外的土压力、顶盖填土、活荷载池底上的液体压力、地基反力、浮力、地震作用、温度作用产生的附加应力等，如图 4.2 所示。

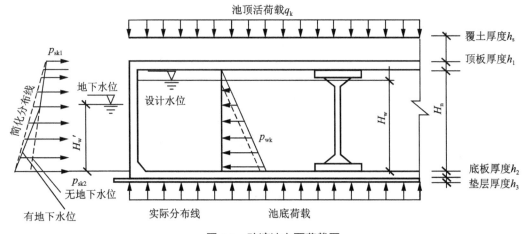

图 4.2 贮液池主要荷载图

（1）池顶荷载。

①永久荷载：顶板自重、防水层重、覆土层重等，按实际计算。

②可变荷载：活载、雪载，可查规范。活载也可按实际取值，若无专门要求可取标准值 1.5N/m^2，二者取大值，不同时考虑。

（2）池壁荷载。

①竖向荷载：由自重和池顶荷载产生，产生荷载效应有弯矩和压力。

②水平荷载：是水和土产生的侧压力。池内水产生的侧压力 $p_{wk} = \gamma_w H_w$ 设计水位常在池内顶面下 200～300mm 处，为简化计算，常取壁高或壁净高计算。

池内水压为

$$p_{wk} = \gamma_w H_w \tag{4.5}$$

壁顶压力为

$$p_{sk1} = \gamma(h_s + h_1)\tan^2\left(45° - \frac{\varphi}{2}\right) \tag{4.6}$$

壁底压力为

$$p_{sk2} = \gamma(h_s + h_1 + H_n)\tan^2\left(45° - \frac{\varphi}{2}\right) \tag{4.7}$$

若池高范围内有地下水时，以水位为界分两段梯形计算，水位考虑浮力及侧向水压。也可简化计算，常将折线分布侧压力取为直线分布侧压力来计算。

有地下水时，池壁底部土侧压力标准值为

$$p'_{sk2} = \left[\gamma(h_s + h_1 + H_n - H'_w) + H'_w\gamma'_s\right]\tan^2\left(45° - \frac{\varphi}{2}\right) + \gamma_w H'_w \tag{4.8}$$

地面活荷载引起的附加侧压力的标准值为

$$p_{qk} = q_k \tan\left(45° - \frac{\varphi}{2}\right) \tag{4.9}$$

地下水压按三角形分布时的水压标准值为

$$p'_{wk} = \gamma_w H'_w \tag{4.10}$$

池壁外侧压力根据实际情况组合：

当位于地下水位以上时，顶端为

$$p_{k1} = p_{qk} + p_{sk1} \tag{4.11}$$

底端为

$$p_{k2} = p_{qk} + p_{sk2} \tag{4.12}$$

当位于地下水位以下时，底端为

$$p_{k2} = p_{qk} + p_{sk2} \tag{4.13}$$

（3）池底荷载：是指使底板产生 M、V 的那一部分反力或地下水浮力。

地基反力使底板产生内力。地基反力由三部分组成：

①池顶活荷载产生的，可直接取活荷载标准值 $q_k = 1.5 kN/m^2$；

②池顶覆土引起的，可直接取池顶单位面积土重 $q_s (kN/m^2)$；

③由顶板自重 $G_r (kN)$、池壁自重 $G_w (kN)$ 及支柱自重 G_c 引起的。

当地基不弱时，反力 P_n 按均匀分布考虑，则有

$$P_n = q_k + q_s + (G_r + G_w + G_c) / A_{底} \tag{4.14}$$

注意：当外挑时，按式 (4.14) 计算偏于安全，精确计算时再将前两项变为 $(q_k + q_s) \cdot \dfrac{A_{顶}}{A_{底}}$，即当有浮力时，地基反力 P_n 将减小，但作用于底板上的总反力不变。

4.2.2 贮液池设计时的荷载组合

贮液池强度计算时，需考虑试水阶段、覆土阶段和使用阶段的计算。一般可归结为下列四种荷载组合：

(1) 结构自重 + 池内满水压力（试水阶段）；

(2) 结构自重 + 内外液体压力（有时无内液体压力）+ 外土压力 + 活荷载（或雪载）；

(3) 结构自重 + 内液体压力 + 冬季温差影响；

(4) 结构自重 + 内液体压力 + 夏季湿差影响。

1. 承载能力极限状态的组合

对地面式贮液池取 (1) 及 (3)、(4) 组合，贮液池无保温时，取组合 (3)、(4) 中温、湿差当量中的较大者计算；有保温时，只取 (1) 的情况，底板不计入温度作用。

对于地下式池和有覆土保护的半地下式池，需进行 (1) 和 (2) 的荷载组合，其中 (2) 组合为相反内力两种最不利状态，可不进行 (3) 和 (4) 荷载组合的计算。

若地下式池和半地下式池在浇筑完毕后较长时间不覆土，又无可靠保护措施时，仍需要计算温、湿差影响。

在 (2) 中考虑结构自重 + 内外液体压力 + 外土压力 + 活荷载（或雪载）时，在包络图极值外某区段内可能起控制作用，常在两端弹性嵌固的水池中发生，而在两端固定、自由、铰支时，则不考虑此种组合。

2. 正常使用极限状态组合

依据设计要求确定，主要是裂缝控制：轴拉、小偏拉构件按不允许开裂考虑。只要第一极限考虑的荷载，则第二极限也考虑。大偏拉（压）按限制裂缝宽度来考虑，只要考虑使用极限状态荷载组合。

| 4.3 圆形贮液池

4.3.1 圆形贮液池的构造特点

圆形贮液池由顶盖、底板、池壁组成。

1. 顶盖

(1) 当贮液池直径较小（一般在 6m 及以下）时，宜采用中间无支柱的形式。

(2) 当贮液池直径在 6 ~ 10m 之间时，采用有一个支柱的圆平板。

(3) 直径较大（大于 10m）时，宜采用中间多柱支承的形式。

(4) 厚度一般不宜小于 100mm。且支座截面应满足 $V \leqslant 0.7 f_t b h_0$ 的要求。无梁楼盖不宜小于 120mm。

2. 底板

底板分为整体式和分离式两种，如图 4.3 所示。

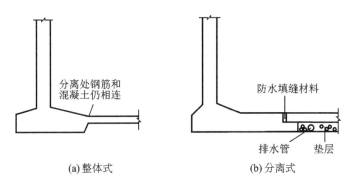

图 4.3　整体式和分离式底板

分离式底板不参与贮液池主体结构的受力工作，而将其本身重量及液体重量中直接作用于它上面的传给地基，产生的弯矩和剪力很小，可以按构造配筋。一般厚度常用 15 ～ 20cm，最小可做成 8cm。用 Φ8@200 方格网钢筋来配置。

3. 池壁

普通钢筋混凝土池壁一般做成现浇式的，一般不小于 180mm，单面配筋小型池壁最小厚度为 12cm，池高一般为 3.5 ～ 6m。池壁很厚的大型池中，壁厚由下至上可逐渐减小（按直线变化），但顶端厚度不应小于 80mm。

环向钢筋直径不应小于 Φ6，竖向钢筋不应小于 Φ8。间距不应小于 70mm。当池壁厚度小于等于 150mm 时，该间距不大于 200mm；当池壁厚度大于 150mm 时，该间距不大于 1.5 倍壁厚。

对于安置在地面上的贮液池，为了减少温、湿度对池壁的影响，池壁可外贴护面砖、粉刷，池壁内可采用水泥砂浆抹面。

4. 节点构造

（1）图 4.4（a）所示为顶盖和池壁的简支做法，当池壁顶端留有抗剪钢筋与顶盖连接时，可按不动铰考虑。

（2）图 4.4（b）、（c）所示为池壁和顶盖及底板的弹性嵌固做法，一般加支托以加强节点的整体性。

（3）图 4.4（d）所示为底板有挑出池壁部分的做法，当地基较好且挑出一定长度时，可视为固定端。

（4）图 4.4（e）、（f）所示为用于有球壳顶盖和锥壳底板的情况。由于在荷载作用下，球壳和锥壳对池壁有一个较大的水平推力，因而在连接处加一圈梁（也称环梁）以承受此力。

5. 保护层的厚度

池壁、顶板、基础、底板上层钢筋：保护层厚度一般为 25mm，与污水接触或受水汽影响时为 30mm。

基础底板下层钢筋：有垫层时为 35mm，无垫层时为 70mm。

池内柱、梁受力钢筋：一般为 30mm，与污水接触或受水汽影响时为 35mm。

池内梁、柱箍筋及构造筋：一般为 20mm，与污水接触或受水汽影响时为 25mm。

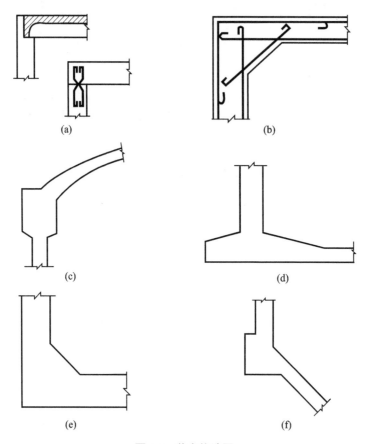

图 4.4　节点构造图

4.3.2　池壁与顶底板的连接计算简化方法

池壁与顶底板的连接计算简化原则：既要尽量符合计算假定，又要保证抗渗能力。

池壁与顶底板的连接计算简化方法如下。

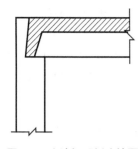

图 4.5　池壁与顶板连接图

（1）池壁与顶板：图 4.5 所示为无顶盖或顶板搁置于池壁上。在内水压力下按自由端考虑，但在外土压力下应按铰接考虑。连接配筋可承受弯矩时按弹性嵌固考虑，连接配筋可承受剪力时按铰接考虑。

（2）池壁与底板：根据节点构造简化，一般情况下采用按弹性嵌固或固定考虑。大型水池池壁与底板连接按铰接考虑，原因是采用弹性嵌固或固定会使池壁产生过大竖向弯矩，当地基较弱时，此两种连接的实际工作性能与计算假定差距较大。

当采用铰接时，实际工作性能与计算假定较一致，另外此法施工方便，当地基产生不均匀沉降时，可只用橡胶即可。

4.3.3 抗震构造要求

基本原则：加强结构的整体性。这取决于节点的可靠程度，以及结构本身的强度和刚度。

当采用装配式时的构造处理：预制板缝每条板缝内应配置不小于 1φ6 钢筋，用 M10 水泥砂浆灌缝；板与大梁焊接不少于三个角，9 度抗震设防时，预制板应设叠合现浇混凝土层。

支柱要求：8 度时配筋率不宜小于 0.6%，两端 1/8 高内加密 S 不小于 100mm。9 度时配筋率不宜小于 0.8%，两端 1/8 高内加密 S 不小于 100mm。柱与顶盖应连接可靠。

伸缩缝的构造处理：必须从顶到底完全贯通。基本要求是保证伸缩缝两端区段具有充裕的伸缩余地，有严密的抗漏能力及施工方便。

伸缩缝的宽度一般为 20mm。当温度区段的长度为 30m 或更大时，应适当加宽，但最大宽度通常不超过 25mm。采用双壁式伸缩缝时，缝宽可适当加宽。其做法如图 4.6 所示。不与水接触部分，可不必设置止水片，止水片通常有金属、橡胶、塑料制品。

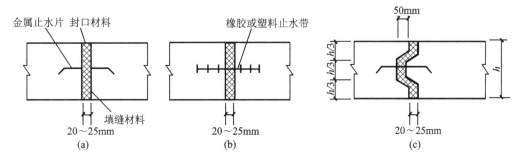

图 4.6 伸缩缝的一般做法

伸缩缝的填料应具有良好的防水性、可压缩性和回弹能力，通常采用不透水、浸水后能膨胀的掺木质纤维沥青板或聚丙烯塑料板。封口材料应与混凝土粘接牢固，迎水面应韧性好，通常采用沥青材料加入纤维、石粉、橡胶等填料，或采用树脂高分子合成塑料。

当板厚小于 250mm 时，需将伸缩缝处的局部板厚加厚，其做法如图 4.7 所示。

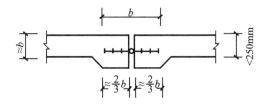

图 4.7 底板留伸缩缝时止水带做法

4.3.4　圆形水池池壁的内力计算

1. 基本假定

（1）所采用的材料是均质的、弹性的、各向同性的。
（2）池壁厚度远小于池半径 r。
（3）结构各点的位移远小于池壁厚度 h。
（4）垂直于池壁中曲面方向的法向应力可忽略。

2. 计算简图

（1）直径按池壁截面轴线确定。
（2）计算高度确定。
①整体连接，且上端按弹性固定，下端按固定考虑时，取 $H_0=H_n+h_顶/2$。
②整体连接，且两端固定时，取 $H_0=H_n+h_顶/2+h_顶/2$。
③两端非整体连接时，取至连接面处。
④两端铰接时，取至铰接中心。

3. 支承条件的确定

支承条件应按实际连接构造方案确定。
1）池壁与底板连接（图 4.8）
（1）固定支承：整体连接满足 $h_1 \geqslant h$，$a_1 \geqslant h$ 且 $a_2 \geqslant a_1$；地基应良好，为低或中压缩性土。满足以上条件可视为固定支承。
（2）弹性嵌固支承：整体连接不能满足（1）时，考虑到变形的连续性，池壁与底板连接可视为可以产生弹性转动的刚性节点。
2）池壁与顶板连接（图 4.9）
（1）当无顶盖或顶板搁置于池壁上时，在内水压力下可视为自由端。
（2）当顶板搁置于池壁上但在外土压力作用下，可视为铰接。
（3）当顶板与池壁搁置于连接配筋并可承受弯矩时，按弹性嵌固考虑；当连接配筋可承受剪力时，可视为铰接。

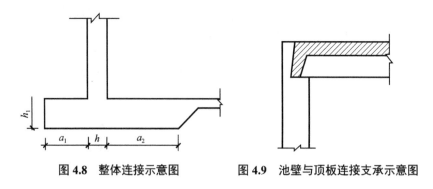

图 4.8　整体连接示意图　　　图 4.9　池壁与顶板连接支承示意图

4. 基本方程

池壁厚度 A 远小于池半径 r，可视为圆柱形薄壳结构。直接作用于池壁的荷载主要是侧向液压力和土压力，在正常情况下是轴对称的（图 4.10）。由顶盖传下的竖向压力对池壁的影响一般可以不计。环向弯矩相对很小，可以忽略不计。下面列出液压力作用下的池壁内力计算基本方程（图 4.11）。

$$\overline{N_0} = \int_0^{\frac{\pi}{2}} p_x \cdot r \sin\theta \mathrm{d}\theta = p_x r \int_0^{\frac{\pi}{2}} \sin\theta \mathrm{d}\theta = p_x \cdot r \tag{4.15}$$

$$\Delta l = 2\pi(r + \overline{\omega}) - 2\pi r = 2\pi \overline{\omega} \tag{4.16}$$

$$\overline{\omega} = \frac{\Delta l}{2\pi} = \frac{\overline{N_0} r}{Eh} = \frac{p_x r^2}{Eh} \tag{4.17}$$

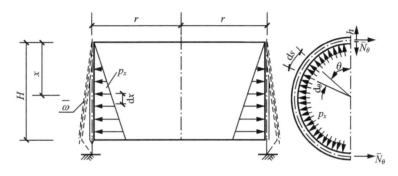

图 4.10　圆形水池液体压力分布图

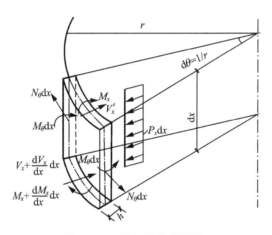

图 4.11　池壁微分体受力图

（1）内力和位移关系为

$$N_\theta = \frac{Eh}{r}\omega \tag{4.18}$$

$$M_x = -D\frac{\mathrm{d}^2\omega}{\mathrm{d}x^2} \tag{4.19}$$

$$V_x\mathrm{d}x = \mathrm{d}M_x \tag{4.20}$$

（2）平衡方程为

$$p_x \mathrm{d}x\mathrm{d}s + \mathrm{d}V_x \mathrm{d}s = \frac{N_\theta \mathrm{d}x}{r}\mathrm{d}s$$

通过以上各式合并整理得：

$$\frac{\mathrm{d}^4\omega}{\mathrm{d}x^4} + \frac{Eh}{Dr^2}\omega = \frac{p_x}{D}$$

令

$$\frac{1}{\lambda^2} = \sqrt{\frac{4Dr^2}{Eh}}$$

得：

$$\frac{\mathrm{d}^4\omega}{\mathrm{d}x^4} + 4\lambda^4\omega = \frac{p_x}{D} \tag{4.21}$$

式中：D——圆柱的弯曲刚度，$D = \dfrac{Eh^3}{12(1-\nu^2)}$；

　　　　ν——材料的泊松比；

　　　　λ——圆柱壳的弹性特征值。

解式（4.21）并使其满足边界条件，得径向变形方程 ω 表达式，再由 ω 求得转角 β，则可连续求解内力表达式。

式（4.21）的通解和特解如下：

$$\omega = \mathrm{e}^{\lambda x}(C_1\cos\lambda x + C_2\sin\lambda x) + \mathrm{e}^{-\lambda x}(C_3\cos\lambda x + C_4\sin\lambda x) + \frac{p_x r^2}{Eh} \tag{4.22}$$

$$\omega = C_1\omega_1(\lambda x) + C_2\omega_2(\lambda x) + C_3\omega_3(\lambda x) + C_4\omega_4(\lambda x) + \varpi \tag{4.23}$$

式中：

$$\omega_1(\lambda x) = \mathrm{ch}(\lambda x)\cdot\cos(\lambda x)$$

$$\omega_2(\lambda x) = \frac{1}{2}\left[\mathrm{ch}(\lambda x)\cdot\sin(\lambda x) + \mathrm{sh}(\lambda x)\cdot\cos(\lambda x)\right]$$

$$\omega_3(\lambda x) = \frac{1}{2}\mathrm{sh}(\lambda x)\cdot\sin(\lambda x)$$

$$\omega_4(\lambda x) = \frac{1}{4}\left[\mathrm{ch}(\lambda x)\cdot\sin(\lambda x) - \mathrm{sh}(\lambda x)\cdot\cos(\lambda x)\right]$$

C_1，C_2，C_3，C_4 为积分常数，可由池壁两端边界条件来确定；ϖ 为特解，$\varpi = \dfrac{p_x x}{Eh}r^2$，对于三角形荷载作用，$\varpi = \dfrac{\gamma x}{Eh}r^2$。通过 ϖ 值，可求得池壁上任一点的 N_θ、M_x、V_x 及转角 β 值：

$$N_\theta = \frac{Eh}{r^3}\left[C_1\omega_1(\lambda x) + C_2\omega_2(\lambda x) + C_3\omega_3(\lambda x) + C_4\omega_4(\lambda x) + p_x r\right]$$

$$M_x = -D\left\{\lambda^2\left[-4C_1\omega_3(\lambda x) - 4C_2\omega_4(\lambda x) + 4C_3\omega_1(\lambda x) + 4C_4\omega_2(\lambda x)\right]\right\}$$

$$V_x = -D\left\{\lambda^3\left[-4C_1\omega_2(\lambda x) - 4C_2\omega_3(\lambda x) - 4C_3\omega_4(\lambda x) + 4C_4\omega_1(\lambda x)\right]\right\}$$

$$\beta = \frac{d\omega}{dx} = \lambda\left[-4C_1\omega_4(\lambda x) + C_2\omega_1(\lambda x) + C_3\omega_2(\lambda x) + C_4\omega_3(\lambda x)\right] + \frac{r^2}{Eh}\cdot\frac{dp_x}{dx}$$

(4.24)

5. 内力计算

1) 基本公式

对于某一特定边界条件的池壁，在某种确定的轴对称线性分布荷载作用下，只需根据已知边界条件确定积分常数 $C_1 \sim C_4$，就可以导出池壁内力的具体计算公式。下面以顶端自由、底端固定的圆形贮液池池壁为例，如图 4.12 所示。

$x=0$ 处有

$$M_{x=0} = 0, \quad V_{x=0} = 0$$

$x=H$ 处有

$$W_{x=H} = 0, \quad W_{x=H} = 0$$

则可得

$$C_1 = \frac{r^2}{Eh}\gamma_\omega H\,\frac{\dfrac{1}{\lambda H}\omega_2(\lambda H) - \omega_1(\lambda H)}{\omega_1(\lambda H) + 4\omega_2(\lambda H)\omega_4(\lambda H)} = G_1\frac{r^2\gamma_\omega H}{Eh}$$

$$C_2 = \frac{r^2}{Eh}\gamma_\omega H\,\frac{4\omega_2(\lambda H) + \dfrac{1}{\lambda H}\omega_1(\lambda H)}{\omega_1(\lambda H) + 4\omega_2(\lambda H)\omega_4(\lambda H)} = G_2\frac{r^2\gamma_\omega H}{Eh}$$

$$C_3 = C_4 = 0$$

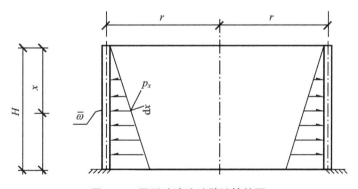

图 4.12 圆形贮液池池壁计算简图

$$N_\theta = r\gamma_\omega H\left[G_1\omega_1(\lambda x) + G_2\omega_2(\lambda x) + \frac{x}{H}\right]$$

$$M_x = \frac{\gamma_\omega H^3}{\sqrt{12(1-\gamma^2)\bullet\dfrac{H^2}{2rh}}}\left[G_1\omega_3(\lambda x) + G_2\omega_4(\lambda x)\right]$$

$$V_x = \frac{\gamma_\omega H^3}{\sqrt[4]{12(1-\gamma^2)\bullet\dfrac{H^2}{2rh}}}\left[G_1\omega_2(\lambda x) + G_2\omega_3(\lambda x)\right]\gamma_\omega H^2$$

代入内力计算公式得：

$$k_{N_\theta} = \left[G_1\omega_1(\lambda x) + G_2\omega_2(\lambda x) + \frac{x}{H}\right]$$

$$k_{M_x} = \frac{1}{\sqrt{12(1-\gamma^2)\bullet\dfrac{H^2}{2rh}}}\left[G_1\omega_3(\lambda x) + G_2\omega_4(\lambda x)\right]$$

$$k_{V_x} = \frac{\gamma_\omega H^3}{\sqrt[4]{12(1-\gamma^2)}\bullet\sqrt{\dfrac{H^2}{2rh}}}\left[G_1\omega_2(\lambda x) + G_2\omega_3(\lambda x)\right]$$

则环向拉力、竖向弯矩、剪力分别为

$$\left.\begin{array}{l} N_\theta = k_{N_\theta}pr \\ M_x = k_{M_x}pH^2 \\ V_x = k_{V_x}pH \end{array}\right\} \tag{4.25}$$

上述过程表明，池壁内力的计算是相当烦琐的，如果将内力系数编制成表格，可以在很大程度上简化计算。用同样的方法可以推导出其他边界和荷载状态下的内力计算公式，并编制成相应的内力系数表。参见给排水工程中常用圆形水池池壁内力系数表。

2）内力分析

（1）环向内力。

图 4.13 所示为池顶自由、池壁底部固定、在内部水压力作用下贮液池池壁环向力分布曲线，将图中各条曲线与两端自由的贮液池在液体压力下的环向力分布曲线（图中的斜直线）比较可以看出：池壁底部的固定约束对环向力的影响区域随着 $\dfrac{H^2}{2rh}$ 的增大而缩小，在 $\dfrac{H^2}{2rh} \leqslant 0.2$ 时，底部固定约束对环向力的影响波及整个池高，并且在整个池高范围以内的环向力很小，环向力的分布表现为上大下小的倒三角形。当 $\dfrac{H^2}{2rh} \geqslant 0.6$ 以后，环向力最大值开始下移，顶部也逐渐接近于零。随着 $\dfrac{H^2}{2rh}$ 的增大，底部固定端约束对 N_θ 的影响范围逐渐缩小，随着环向力最大值的位置逐步下移，环向力的最大值也逐步增大。在

$\dfrac{H^2}{2rh}=24$ 时，底部固定端约束只对池下部 $H/4$ 内的环向力有影响，上部 $3H/4$ 高度范围内的环向力的分布与两端自由的贮液池的环向力分布非常接近。这些都表明 $\dfrac{H^2}{2rh}$ 大到一定程度时，底部固定端约束的影响扩展不到另一端。

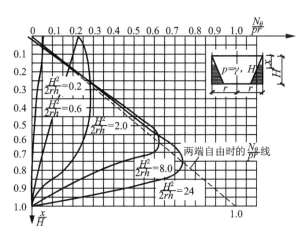

图 4.13　环向力沿池高分布曲线

（2）池壁内竖向弯矩 M。

图 4.14 所示为壁顶自由、壁底固定时的池壁在液压力作用下竖向弯矩的分布规律。由图可见，在 $\dfrac{H^2}{2rh}=0.2$ 时，竖向弯矩在壁底最大，其值为 $0.15\gamma_\omega H^3$，这个值只比承受三角形荷载的悬臂构件的最大弯矩 $0.166\gamma_\omega H^3$ 小 9.6%，两者的分布规律也非常接近，且弯矩使池壁内部受拉。

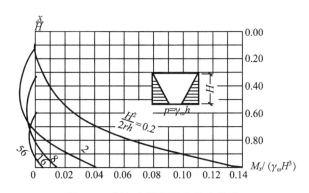

图 4.14　竖向弯矩沿池高分布曲线

图 4.15 进一步反映出，$\dfrac{H^2}{2rh}$ 越大，通过环向力抵抗的荷载也越多，这说明壁底弯矩随着 $\dfrac{H^2}{2rh}$ 的增大而迅速减小。同时弯矩的分布也发生变化。当 $\dfrac{H^2}{2rh}$ 较小时，弯矩使池壁内部受拉；当 $\dfrac{H^2}{2rh}$ 大到一定程度后，池壁在下部内侧受拉，中部或上部变为外侧受拉；

当 $\dfrac{H^2}{2rh}$ =56 时，竖向弯矩的数值和影响范围都很小。在 $\dfrac{H^2}{2rh}$ =16 时，池壁外侧受拉的弯矩可以忽略，使池壁内侧受拉的弯矩也只在池壁下部 $H/10$ 高度范围内起作用。

（3）顶部边界弯矩作用下池壁内力的变化规律。

图 4.15 绘出了几种不同的 $\dfrac{H^2}{2rh}$ 值时的 $\dfrac{M_x}{M_0}$ 的分布曲线。从图中可见，当 $\dfrac{H^2}{2rh} \geqslant 8.0$ 时，上部边界弯矩主要对上部 $0.5H$ 范围内有影响，说明上端边界弯矩几乎传不到下端。随着 $\dfrac{H^2}{2rh}$ 的减小即池壁高度相对较小时，上端弯矩才可能传到下端，计算时不能忽略。

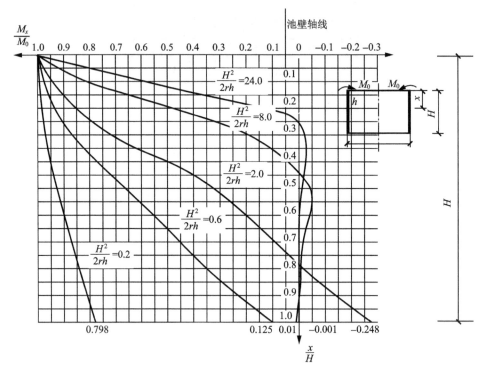

图 4.15　上端边界弯矩的影响

（4）池壁分类与计算简化。

根据以上分析，可把 $\dfrac{H^2}{2rh} \geqslant 2.8$（即池高 $H \geqslant 2.4\sqrt{rh}$ ）的贮液池称为长壁池，把 $\dfrac{H^2}{2rh} < 2.88$（$H < 2.4\sqrt{rh}$ ）的贮液池称为短壁池。对长壁池，在计算池壁内力时，可不考虑两端约束作用的相互影响，在计算一端约束力作用下的内力时，不管另一端实际约束如何都将其视作自由端考虑。但对短壁池不能这样计算。

为进一步简化计算，可按 $\dfrac{H^2}{2rh}$ 大小把池壁分成以下几类。

①当 $\dfrac{H^2}{2rh} < 0.2$（$H < 0.63\sqrt{rh}$ ）时，按竖向悬臂构件计算，环筋按构造配置。对有

盖池，当顶盖作为壁顶的侧向支撑时，池壁成为上下端都有支撑的竖向受力构件。

②当 $\dfrac{H^2}{2rh} \geqslant 65$（ $H \geqslant 11.4\sqrt{rh}$ ）时，可忽略两端约束的影响，按两端自由的薄壁圆筒分析池壁内力。

③当 $0.2 \leqslant \dfrac{H^2}{2rh} < 65$（ $0.63\sqrt{rh} \leqslant H < 11.4\sqrt{rh}$ ）时，不能忽略环向力和池壁约束作用的影响，按圆柱形薄壳分析池壁内力。

4.3.5 顶盖与底板计算

1. 顶盖计算

现浇式圆形平板顶盖或圆心加柱的圆形平板顶盖在荷载作用下，一般按弹性理论计算，均有现成表格可供查用。现浇整体式无梁楼盖顶板，一般可采用弹性理论计算方法中的"经验系数法"，此法只考虑均布荷载满布的情况。在计算时先求出中间区格和边区格跨中弯矩和支座弯矩总和，然后查表求无梁楼盖顶板各处的弯矩值。

2. 底板计算

水池的底板有整体式和分离式两种。

整体式的整个底板也就相当于水池的基础，水池的全部重量和荷载都是通过底板传给地基的。对于有支柱的水池底板，通常假设地基反力均匀分布，故其计算与顶板相同；对于无支柱的圆板，当直径不大时，也可按地基反力均匀分布计算，但当直径较大时，则应根据有无地下水来确定计算方法。当无地下水时，池底荷载为地基土反力，这时应按弹性地基上的圆板来确定池底地基土反力的分布规律；当有地下水且池底荷载主要是地下水的浮力时，则应按均匀分布荷载计算。当池底处于地下水位变化幅度内时，圆板应按弹性地基（地下水位低于底板）和均匀分布反力（地下水位高于底板）两种情况分别计算，并根据两种计算结果中的最不利内力来设计圆板截面。

分离式底板不参与水池主体结构的受力工作，而只是将其自重及直接作用在它上面的水重传给地基，通常可以认为在这种底板内不会产生弯矩和剪力，其厚度和配筋均由构造确定。

当采用分离式底板时，圆形水池池壁的基础为一圆环，原则上应作为支承在弹性地基上的环形基础来计算。但当水池直径较大、地基良好，且分离式底板与环形基础之间未设置分离缝时，可近似地将环形基础展开成为直的条形基础进行计算。但此时，在基础内宜按偏心受拉构件受拉钢筋的最小配筋率来配置环向钢筋，且这种环向钢筋在基础截面上部及下部均应配置。

4.3.6 池壁截面设计

1. 池壁截面的设计内容

（1）计算所需环向、竖向钢筋的面积。

(2) 按环向拉力下不允许出现裂缝来验算池壁的厚度。

(3) 验算竖向弯矩下的裂缝宽度。

(4) 按斜截面抗剪能力验算池壁的厚度。

2. 环向钢筋的配置

(1) 按轴拉构件计算，不考虑温差。即环向钢筋分段求出环向最大拉力 $N_{\theta max}$，配筋对称分布池壁内外两侧。

(2) 按偏心受压（拉）构件计算。考虑温差时，即求出环向最大拉力 $N_{\theta max}$ 及环向最大弯矩 M_{max}，然后配置池壁内外两侧钢筋。

3. 竖向钢筋的配置

(1) 环向拉力 N_{max} 较大（顶盖传来），$\dfrac{e_0}{h} = \dfrac{M_x}{N_x h} < 2.0$ 按偏压计算，$C_m \eta_s = 1.0$。上、中、下取不利 $\pm M_{max}$ 配筋，配在环向外侧。

(2) 底端自由（按底端滑动，实际有摩擦）时，取按底端为铰支时弯矩的 50% ~ 70% 选择竖向钢筋。

4. 抗裂度验算

(1) 环向 $N_{\theta max}$ 或 M_{max} 作用下的抗裂度验算。试图避免初始尺寸不足时，可根据抗裂度要求估算，在正常使用极限状态下抗裂度不满足时，可增大壁厚，也可提高混凝土的强度。

(2) 竖向弯矩下不允许开裂。

开裂限值：清水池、给水池不应大于 0.25mm，污水池不应大于 0.2mm。

4.3.7　计算例题

【例 4.1】 设计计算如图 4.16 所示 1500m³ 地面式敞口圆形水池。池外最低月平均气温 $T_h = -2℃$，池内最低月平均水温 $T_n = 5℃$，采用 C25 混凝土及 HRB335 级钢筋。无地下水，修正后的地基承载力特征值 $f_a = 180kN/m^2$。

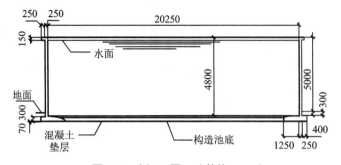

图 4.16　例 4.1 图一（单位：mm）

解:

1. 计算简图

池壁可按上端自由、下端固定分析内力（图4.17）。

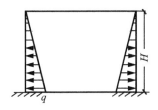

图4.17 例4.1图二

2. 标准荷载

池内水压为

$$p_{wk} = \gamma_w H_w = 10 \times 4.8 = 48(kN/m^2)$$

壁面温差为

$$\Delta t_1 = \frac{\dfrac{h}{\lambda_i}}{\dfrac{1}{\beta_i} + \dfrac{h}{\lambda_i}}(T_n - T_h)$$

式中池壁厚度 h=0.25m。

池壁导热系数可查混凝土的热工系数表 [《民用建筑热工设计规范》（GB 50176—1993)]，得 λ_i=1.75kcal/(m·h·℃)。

池壁与空气间热交换系数可查同一表，得冬季

$$\beta_i = 20kCal/(m·h·℃)，夏季 \beta_i = 15kCal/(m·h·℃)。$$

按冬季计算得:

$$\Delta t_1 = \frac{\dfrac{0.25}{1.75}}{\dfrac{1}{20} + \dfrac{0.25}{1.75}} \times [5-(-2)]=0.74 \times 7=5.18(℃)$$

湿度当量温差 Δt_2=10℃，比较 Δt_1 与 Δt_2，取 $\Delta t = \Delta t_2$=10℃，则有

$$m_i = 0.07Eh^2\alpha\Delta t = 0.07 \times 28 \times 10^6 \times 0.25^2 \times 10 = 12.25(kN·m)$$

3. 池壁的内力

1) 标准值

(1) 池内三角形水平荷载产生的内力。

竖向弯矩 $M_{xk} = k_{Mx}p_kH^2$，环向弯矩 $M_{\theta k} = \dfrac{1}{6}M_{xk}$，环向力 $N_{\theta k} = k_{N_\theta}p_k r$，剪力

$V_{xk} = k_{V_x} p_k H$。池壁高度 H=5m，半径 r=10.25m，$\dfrac{H^2}{2rh} = \dfrac{5^2}{2 \times 10.25 \times 0.25} = 4.88$，查给排水工程附表，得计算结果列于表 4.2 中。

表 4.2　计算结果（一）

截面位置	0.0H（池壁上端）	0.3H	0.5H	0.7H	0.8H	0.9H	1.0H（池壁下端）
k_{N_θ}	0.029	0.35	0.47	0.39	0.232	0.091	0
$N_{\theta k}$ / kN	14.27	172.20	231.24	191.88	135.48	44.77	0
k_{M_x}	0	0.0017	0.0048	0.006	0.0028	−0.006	−0.023
M_{xk} / (kN•m)	0	0.04	5.76	7.2	2.36	−7.2	−27.6
$M_{\theta k}$ / (kN•m)	0	0.34	0.96	1.2	0.56	−1.2	−4.6
k_{V_x}							−0.216
V_{xk} / kN							−51.84

（2）由壁面温差 Δt 产生的内力。

竖向弯矩 $M_{xk} = k_{M_x} m_i$，环向弯矩 $M_{\theta k} = \dfrac{1}{6}(k_{M_x} - 5)m_i$，环向力 $N_{\theta k} = k_{N_\theta} \dfrac{m_i}{h}$，剪力 $V_{xk} = k_{V_x} \dfrac{m_i}{H}$。按 $\dfrac{H^2}{2rh} = \dfrac{5^2}{2 \times 10.25 \times 0.25} = 4.88$，查给排水工程附录，得计算结果列于表 4.3 中。

表 4.3　计算结果（二）

截面位置	0.0H（池壁上端）	0.3H	0.5H	0.7H	0.8H	0.9H	1.0H（池壁下端）
k_{N_θ}	−3.413	0.599	0.587	0.228	0.999	0.024	0
$N_{\theta k}$ / kN	−167.24	29.35	28.76	11.17	4.85	1.18	0
k_{M_x}	0	−0.623	−0.942	−1.041	−1.048	−1.046	−1.041
M_{xk} / (kN•m)	0	−7.63	−11.54	−12.75	−12.84	−12.81	−12.75
$k_{M_x} - 5$	−5	−5.623	−5.942	−6.041	−6.048	−6.046	−6.041
$M_{\theta k}$ / (kN•m)	−10.21	−11.48	−12.13	−12.33	−12.35	−12.34	−12.33
k_{V_x}							0.054
V_{xk} / kN							0.13

2）内力的组合

（1）设计竖向弯矩 M_x 及池壁的设计剪力 V_x。

池壁内侧：

$$M_x = 1.2 \times (-27.60) + 1.4 \times (-12.75) = -50.97(\text{kN} \cdot \text{m})$$

池壁外侧：

$$M_x = 1.2 \times 7.2 = 8.64(\text{kN} \cdot \text{m})$$

剪力：

$$V_x = 1.2 \times (-51.84) = -62.21(\text{kN})$$

（2）设计环向弯矩 M_θ 及设计环向力 N_θ。计算结果列于表 4.4 中。

表 4.4　计算结果（三）

区段		上段（0~1.50m）	中段（1.50~3.50m）	下段（3.50~5m）
M_θ /(kN·m)	内侧	-15.16	-15.82	-16.62
	外侧	0.41	1.44	0.67
N_θ / kN		247.73	317.75	245.89

从池壁上端至下端分三段计算，外侧环向弯矩 M_θ 仅按表 4.2 的标准值乘以 1.2，内侧环向弯矩 M_θ 及环向力 N_θ 则取表 4.2 的标准值乘以 1.2 与表 4.3 的值乘以 1.4 后之和。

4. 环向基础的设计

近似按图 4.18 计算，并假定 G_2 作用在基础宽度 b 的中央。

（1）设计荷载。

水重为

$$W = 1.2 \times 48 \times 1.25 = 72(\text{kN})$$

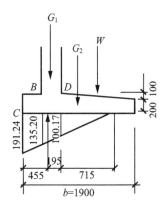

图 4.18　底板受力图（单位：mm）

池壁重为

$$G_1 = 1.2 \times \left[(0.15 \times 0.5 + 0.25 \times 4.85) \times 25 + 0.04 \times 5 \times 20 + 0.2\right] = 43.29(\text{kN})$$

基础重为

$$G_2 = 1.2 \times \left[0.3 \times 0.65 + \frac{(0.3 + 0.2)}{2} \times 1.25\right] \times 25 = 15.23(\text{kN})$$

竖向荷载总和为

$$W + G_1 + G_2 = 72 + 43.29 + 15.23 = 130.52(\text{kN})$$

（2）偏心距 e_0。

竖向荷载对 C 点的支持力矩 M_z 为

$$M_z = 43.29 \times (0.4 + 0.125) + 72 \times (0.65 + 0.625) + 15.23 \times 0.95 = 129(\text{kN} \cdot \text{m})$$

倾覆力矩 M_q 为

$$M_q = 50.97 + 62.21 \times 0.3 = 69.63(\text{kN} \cdot \text{m})$$

荷载总和 $W + G_1 + G_2$ 到 C 点的距离 e 为

$$e = \frac{M_z - M_q}{W + G_1 + G_2} = \frac{129 - 69.63}{130.52} = 0.455(\text{m})$$

偏心距 e_0 为

$$e_0 = \frac{b}{2} - e = 0.95 - 0.455 = 0.495(\text{m}) > \frac{b}{6} = 0.317(\text{m})$$

（3）地基压力。

①地基最大压力为

$$p_{\max} = \frac{2(W + G_1 + G_2)}{3e} = \frac{2 \times 130.52}{3 \times 0.455} = 191.24(\text{kN}/\text{m}^2) < 1.2f = 216(\text{kN}/\text{m}^2)$$

② B 截面处的地基压力为

$$p_B = \frac{191.24}{1.365} \times (0.25 + 0.715) = 135.20(\text{kN}/\text{m}^2)$$

③ D 截面处的地基压力为

$$p_D = \frac{191.24}{1.365} \times 0.715 = 100.17(\text{kN}/\text{m}^2)$$

（4）基础的设计弯矩。

① D 截面的弯矩为

$$M_D = -72 \times 0.625 - \frac{(0.3 + 0.2)}{2} \times 1.25 \times 25 \times 1.2 \times \left(\frac{1.25}{3} \times \frac{0.3 + 2 \times 0.2}{0.3 + 0.2} \right) + \frac{100.17 \times 0.715}{2} \times \frac{0.715}{3}$$

$$= -41.93(\text{kN} \cdot \text{m})$$

表明上缘受拉。

② B 截面的弯矩为

$$M_B = \frac{191.24 + 135.2}{2} \times 0.4 \times \left(\frac{0.4}{3} \times \frac{2 \times 191.24 + 135.2}{191.24 + 135.2} \right) - 1.2 \times 0.3 \times 0.4 \times 25 \times 0.2$$

$$= 13.6(\text{kN} \cdot \text{m})$$

表明下缘受拉。

5. 池壁截面的计算

（1）强度计算。

①沿圆周每米弧长水平截面上的竖向钢筋 A_s，按矩形截面受弯构件计算（略）。

②沿池壁高度 1m 竖向截面上的环向钢筋 A_s，按矩形偏心受拉构件计算（略）。

（2）裂缝计算。

①池壁下端的水平裂缝，按受弯构件计算（略）。

②在 $0.5H$ 处的竖向裂缝，按偏心受拉构件计算（略）。

6. 环板基础截面的计算

（略）

4.4 矩形贮液池

4.4.1 矩形贮液池的分类

在进行贮液池内力分析时，可根据结构的主要尺寸（图 4.19）把贮液池分为浅池、深池和双向板式贮液池，也可根据表 4.5 来确定。

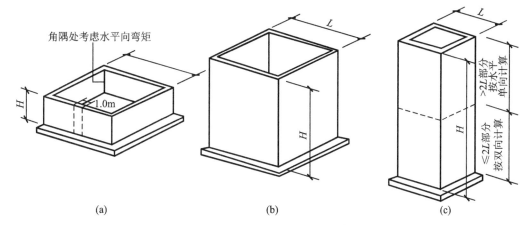

图 4.19 矩形贮液池结构尺寸

表 4.5 贮液池分类及受力特点

壁板边界条件	$\dfrac{L}{H}$	分类	受力特点
四边支撑	$\dfrac{L}{H}<0.5$	按深池计算	$H>2L$ 部分按水平单向计算；板端 $H \leqslant 2L$ 部分按双向计算，$H=2L$ 处可视为自由端
	$0.5 \leqslant \dfrac{L}{H} \leqslant 2$	按双向板式水池计算	按双向计算
	$\dfrac{L}{H}>2$	按浅池计算	按竖向单向计算，水平向角隅处应考虑角隅效应引起的水平向负弯矩
三边支撑顶端自由	$\dfrac{L}{H}<0.5$	按深池计算	$H>2L$ 部分按水平单向计算；板端 $H \leqslant 2L$ 部分按双向计算，$H=2L$ 处可视为自由端
	$0.5 \leqslant \dfrac{L}{H} \leqslant 2$	按双向板式水池计算	按双向计算
	$\dfrac{L}{H}>2$	按浅池计算	按竖向单向计算，水平向角隅处应考虑角隅效应引起的水平向负弯矩

4.4.2　矩形贮液池的结构布置原则

矩形贮液池的结构布置应符合以下原则。

(1) 满足工艺前提下，利用地形。

(2) 受力明确，内力分布尽量均匀。

(3) 温度缝的设置具体如下。

①当贮液池布置在土质地基上时，温度区段不大于 20m。

②当贮液池布置在岩石地基上时，温度区段不大于 15m。

③地下贮液池布置在土质地基上时，温度区段不大于 30m；布置在岩石地基上时，温度区段不大于 20m。

(4) 伸缩缝的做法：将池壁和基础底板一齐断开。

4.4.3　矩形贮液池池壁的计算

1. 矩形贮液池荷载组合

地下式池：满水 + 池外无土和无水 + 池外有土。

地面式池：满水 + 壁面温（湿）差。

2. 受力状态

浅池（挡土墙式）按单向板受力构件计算；双向板贮液池按双向板受力构件查表内力系数法计算；深池根据受力特点分别按单向、双向板计算。通常情况下构件要求如图 4.20 所示。

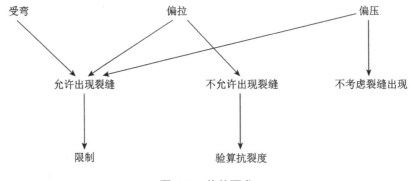

图 4.20　构件要求

3. 浅池池壁计算

1) 浅池的形式

按有无顶盖，分为有顶盖及无顶盖挡土墙式（也称开敞式）；按底板形式，分为分离式和整体式。

2) 设计步骤（图 4.21）

(1) 初步确定池壁与底端厚度，基础底板的厚度一般选为与池壁底端厚度相同。

（2）选定基础的宽度及伸出池壁以外悬挑宽度。

（3）按选定的池壁及基础的截面尺寸，验算稳定性、地基土承载力。

（4）计算池壁和基础的内力及配筋，并验算裂缝。

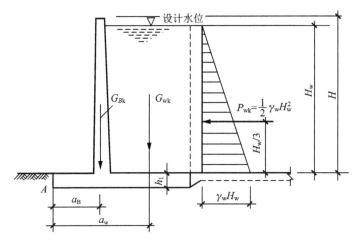

图 4.21 浅池受力图

3）稳定性验算

分离式需做抗倾覆、抗滑移验算；整体式需做抗浮验算。

取 1m 宽计算单元。

（1）池内满水，池外无土。

①抗倾覆验算。验算公式为

$$M_{Ap} = 0.9 \times G_{Bk} \times a_B + G_{wk} \times a_w$$

$$M_A = P_{wk}(\frac{H_w}{3} + h_1)$$

$$\frac{M_{Ap}}{M_A} \geqslant 1.6 \tag{4.26}$$

式中：0.9——池壁和基础的自重分项系数；

a_w、a_B——G_{Bk} 和 G_{wk} 作用中心至 A 点的水平距离；

M_{Ap}、M_A——对 A 点的抗倾覆力矩和倾覆力矩。

②抗滑移验算。

当水池被贯通的伸缩缝分割成若干区段，且采用分离式底板，底板与池壁基础之间设有分离缝时，应按下式验算池壁的抗滑移稳定性：

$$\frac{\mu(0.9G_{Bk} + G_{wk})}{P_{wk}} \geqslant 1.3 \tag{4.27}$$

式中：μ——基础底面摩擦系数，应根据试验资料确定，可参见混凝土与地基土间的摩擦系数表。

当基础与底板连成整体并采取了可靠措施时，可不验算抗滑移。否则采取如下措施（提高抗滑移能力的办法）：增加内挑长度；增大池壁及基础的自重（不经济）；设结拉筋。

（2）池内无水，池外有土。

此种荷载组合一般不用验算抗倾覆能力。当内外挑出都不大且近乎相等时，才进行抗倾覆验算。抗滑移能力一般也不必验算。

地基承载力验算见挡土墙验算。

4）池壁内力计算

浅池池壁在内外水压及土压力作用下，主要竖向传力。

开敞式水池池壁：应按顶端自由、底端固定边界条件的悬臂构件计算。构造上保证底端有足够嵌固刚度。较薄时加厚，使之成为池壁的条形基础。

封闭式水池池壁（有顶盖）：应根据顶板与池壁的连接构造条件确定边界条件。整体式连接时，池壁线刚度为顶板 5 倍以上时可视为铰接，池壁线刚度小于顶板 5 倍时可视为弹性嵌固。

（1）侧压力引起的弯矩 M 和剪力 V。

①等厚池壁：计算公式比较简单，一般从力学手册均可查到，表 4.6 中列出了等厚池壁底端固定顶端分别为自由、铰支的情况；表中顶端自由时公式也适用于变厚池壁情况。

表 4.6　等厚池壁底端固定顶端分别为自由、铰支的情况

序　号	计算简图及弯矩图	计算公式
1	顶端自由、底端固定，三角形荷载 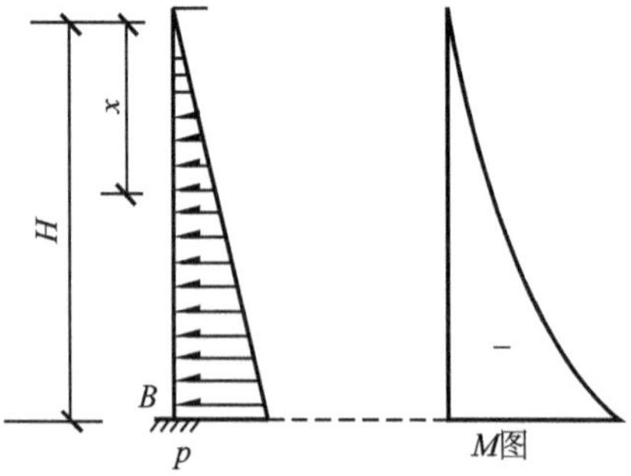 	底端剪力：$V_B = -\dfrac{pH}{2}$ 任意点弯矩：$M_x = -\dfrac{px^3}{6}$ 底端弯矩：$M_B = -\dfrac{pH^2}{6}$
2	顶端自由、底端固定，梯形荷载 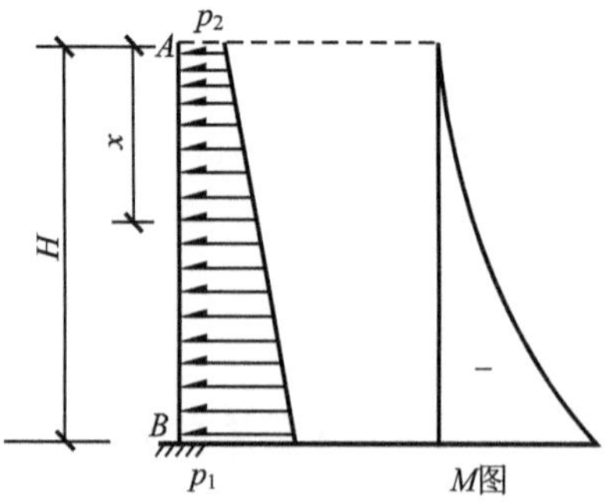 	底端剪力：$V_B = -\dfrac{1}{2}(p_1 + p_2)H$ 任意点弯矩：$M_x = -\dfrac{p_2 x^2}{2} - \dfrac{p_0 x^3}{6H}$ 底端弯矩：$M_B = -\dfrac{1}{6}(p_1 + 2p_2)H^2$ 式中：$p_0 = p_1 - p_2$

（续）

序　号	计算简图及弯矩图	计算公式
3	顶端铰支、底端固定，三角形荷载 $EI=$常数 图	两端剪力：$V_A=-\dfrac{pH}{10}$，$V_B=-\dfrac{2pH}{5}$ 任意点弯矩：$M_x=\dfrac{pHx}{30}(3-5\xi^2)$ 当$x=0.447H$时，$M_{max}=0.0298pH^2$ 底端弯矩：$M_B=-\dfrac{pH^2}{15}$ 式中：$\xi=x/H$
4	顶端铰支、底端固定，梯形荷载 图	两端剪力： $V_A=-\dfrac{(11p_2+4p_1)H}{40}$，$V_B=-\dfrac{(9p_2+16p_1)H}{40}$ 任意点弯矩：$M_x=V_Ax-\dfrac{p_2x^2}{2}-\dfrac{p_0x^2}{6H}$ 当$x_0=\dfrac{\upsilon-\mu}{1-\mu}H$时，$M_{max}=V_Ax_0-\dfrac{p_2x_0^2}{2}-\dfrac{p_0x_0^2}{6H}$ 底端弯矩：$M_B=-\dfrac{(7p_2+8p_1)H^2}{120}$ 式中： $p_0=p_1-p_2$ $\mu=\dfrac{p_2}{p_1}$ $\upsilon=\sqrt{\dfrac{9\mu^2+7\mu+4}{20}}$

②变厚池壁：顶端有约束的先求出顶端的约束力，则不难求出任意高度处的弯矩 M_A 及剪力 V_A。可用力学方法求解。

以下表中 $\beta=h_2/h_1$，h_2 和 h_1 分别为池壁顶和底的厚度，k_{11} 等系数是与 β 有关的系数，k_V、k_M 分别为与 k_{11} 等有关的系数。

a. 两端固定：

$$V_A=k_VpH \tag{4.28}$$

$$M_A=k_MpH^2 \tag{4.29}$$

$$k_M=\frac{k_{11}k_{2p}-k_{12}k_{1p}}{k_{11}k_{22}-k_{12}^2}$$

k_V 及 k_M 的取值见表4.7。

表 4.7　两端固定池壁的顶端约束力系数 k_V 和 k_M

$\beta = h_2 / h_1$		0.2	0.3	0.4	0.5	0.6	0.7	0.8	0.9
三角形荷载	k_V	0.0833	0.0973	0.1084	0.1177	0.1257	0.1328	0.1391	0.1448
	k_M	-0.0080	-0.0119	-0.0156	-0.0190	-0.0222	-0.0252	-0.0281	-0.0308
矩形荷载	k_V	0.3465	0.3828	0.4098	0.4313	0.4492	0.4644	0.4777	0.4895
	k_M	-0.0259	-0.0361	-0.0450	-0.0529	-0.0601	-0.0666	-0.0726	-0.0782

b. 顶端弹性固定，底端固定：

$$M_A = k_{M\beta} \frac{EI_1}{H} \tag{4.30}$$

$$k_{M\beta} = \frac{k_{11}}{k_{11}k_{22} - k_{12}^2}$$

为了方便设计应用，顶端抗弯刚度系数 $k_{M\beta}$ 可利用式（4.30）计算成表 4.8。

表 4.8　变厚池壁顶端边缘抗弯刚度系数 $k_{M\beta}$

$\beta = h_2 / h_1$	0.2	0.3	0.4	0.5	0.6	0.7	0.8	0.9
$k_{M\beta}$	0.118	0.282	0.527	0.858	1.281	1.803	2.426	3.157

c. 顶端简支，底端固定：

$$V_A = k_V pH \tag{4.31}$$
$$M_A = 0$$

k_V 的取值见表 4.9。

表 4.9　顶端简支，底端固定顶端约束力系数

$\beta = h_2 / h_1$	0.2	0.3	0.4	0.5	0.6	0.7	0.8	0.9
三角形荷载	0.0625	0.0711	0.0776	0.0829	0.0873	0.0911	0.0944	0.0974
矩形荷载	0.2788	0.3032	0.3207	0.3343	0.3453	0.3543	0.3624	0.3689

当池壁顶端侧向支承为水平框架梁或利用走道板时，先判断其刚度能否形成不动铰支承，只有满足下列条件时，才能按不动铰支承计算：

$$\beta_1 \geqslant \psi \xi^4 H \tag{4.32}$$

式中：β_1——水平框架梁截面绕竖轴的惯性矩与 1m 宽池壁底端的截面惯性矩之比，即

$$\beta_1 = I_b / I_1;$$

　　　ψ——水平框架梁的计算跨度 L 与池壁高度 H 之比，其值见表 4.10；

　　　ξ——与池壁顶、底端厚度比 β、侧压力分布状态及壁顶水平梁的支承状态等因素有关的系数，$\xi = \dfrac{l}{H}$；

　　　H——池壁的高度。

表 4.10 中，p_1、p_2 分别为底端和顶端的压力值。

表 4.10 ψ 取值表

p_2/p_1 β	0.0	0.1	0.2	0.3	0.4	0.5	0.6	0.7	0.8	0.9	1.0
0.2	0.0300	0.0368	0.0424	0.0471	0.0510	0.0544	0.0573	0.0599	0.0621	0.0641	0.0659
0.3	0.0479	0.0581	0.0665	0.0736	0.0796	0.0848	0.0893	0.0933	0.0968	0.0999	0.1027
0.4	0.0678	0.0816	0.0931	0.1028	0.1111	0.1183	0.1245	0.1301	0.1350	0.1393	0.1433
0.5	0.0898	0.1057	0.1223	0.1348	0.1456	0.1550	0.1632	0.1704	0.1769	0.1827	0.1879
0.6	0.1134	0.1352	0.1536	0.1692	0.1827	0.1944	0.2047	0.2139	0.2221	0.2294	0.2360
0.7	0.1391	0.1651	0.1870	0.2058	0.2220	0.2361	0.2485	0.2596	0.2695	0.2783	0.2863
0.8	0.1664	0.1971	0.2231	0.2454	0.2648	0.2817	0.2966	0.3099	0.3218	0.3325	0.3422
0.9	0.1957	0.2310	0.2609	0.2866	0.3089	0.3285	0.3458	0.3612	0.3749	0.3874	0.3988
1.0	0.2268	0.2663	0.2996	0.3282	0.3529	0.3746	0.3936	0.4106	0.4258	0.4394	0.4517

利用走道板做水平框架梁时，走道板的厚度不宜小于挑出长度的 1/6，也不宜小于 150mm。受力钢筋应由计算确定。

当不能满足不动铰支承时，壁顶只能按弹性（可动铰）支承考虑，则弹性支承提供的反力为

$$V^e = \eta V_A \tag{4.33}$$

式中：η——顶端弹性支承时的支座位移影响系数，与 I、H、β、ρ 等有关，$\eta = \dfrac{1}{1 + \dfrac{1}{\rho}\xi\left(\dfrac{H}{\beta I}\right)}$；

$\rho = 384k_{11}$，其值见表 4.11。

表 4.11 ρ 取值表

$\beta = h_2/h_1$	0.2	0.3	0.4	0.5	0.6	0.7	0.8	0.9	1.0
ρ	367	290	242	209	185	166	151	138	128

（2）池壁温差引起的 M 和 V。

挡土墙水池在温度作用下，只有顶端有约束时才会产生内力，其内力可由力学方法求解。

①两端固定的等厚池壁。顶端的约束力为

$$M_A^T = \frac{\alpha_T \Delta TEI}{h} = \frac{\alpha_T \Delta TEh^2}{12} \tag{4.34}$$

任意深度有

$$V_x^T = 0, \quad M_x^T = \frac{\alpha_T \Delta TEh^2}{12} \tag{4.35}$$

②顶端铰支、底端固定的等厚池壁。顶端的约束力为

$$V_A^T = \frac{1}{8} \times \frac{\alpha_T \Delta T E h^2}{H} \tag{4.36}$$

任意深度有

$$M_x^T = \frac{\alpha_T \Delta T E h^2 x}{8H} \tag{4.37}$$

③两端固定的变厚池壁。顶端的约束力为

$$M_A^T = k_M^T \frac{\alpha_T \Delta T E I_1}{h_1}, \quad V_A^T = k_V^T \frac{\alpha_T \Delta T E I_1}{h_1 H} \tag{4.38}$$

任意深度有

$$M_x^T = k_{Mx}^T \frac{\alpha_T \Delta T E I_1}{h_1} \tag{4.39}$$

④顶端铰支、底端固定的变厚池壁。顶端的约束力为

$$V_A^T = k_V^T \frac{\alpha_T \Delta T E I_1}{h_1 H} \tag{4.40}$$

剪力系数、弯矩系数分别见表 4.12 和表 4.13。

表 4.12 顶端铰接、底端固定的剪力系数 k_V^T

β	0.2	0.3	0.4	0.5	0.6	0.7	0.8	0.9
k_V^T	0.7816	0.9158	1.0281	1.1256	1.2132	1.2932	1.3670	1.4358

表 4.13 两端固定的变厚池壁任意深度处的弯矩系数 K_{Mx}^T

β \ x/H	0.0	0.1	0.2	0.3	0.4	0.5	0.6	0.7	0.8	0.9	1.0
0.2	0.0069	0.0832	0.1596	0.2359	0.3123	0.3886	0.4650	0.5413	0.6177	0.6940	0.7704
0.3	0.0547	0.1342	0.2137	0.2932	0.3727	0.4522	0.5317	0.6113	0.6908	0.7703	0.8498
0.4	0.1276	0.2051	0.2826	0.3601	0.4376	0.5151	0.5927	0.6702	0.7477	0.8252	0.9027
0.5	0.2235	0.2951	0.3667	0.4382	0.5098	0.5814	0.6529	0.7245	0.7961	0.8676	0.9392
0.6	0.3408	0.4032	0.4655	0.5279	0.5903	0.6526	0.7150	0.7774	0.8398	0.9021	0.9645
0.7	0.4780	0.5284	0.5787	0.6291	0.6795	0.7298	0.7802	0.8305	0.8809	0.9312	0.9818
0.8	0.6342	0.6700	0.7058	0.7417	0.7775	0.8133	0.8491	0.8849	0.9208	0.9566	0.9924
0.9	0.0804	0.8274	0.8464	0.8654	0.8844	0.9033	0.9223	0.9413	0.9603	0.9792	0.9982
1.0	1.0000	1.0000	1.0000	1.0000	1.0000	1.0000	1.0000	1.0000	1.0000	1.0000	1.0000

注：$x/H=0.0$ 为顶端。

（3）水平向角隅处的局部 M 和 V。

工程中大中型地下贮液池，由于多采用现浇结构，且顶、盖底板多采用无梁结构，内力可采用等待框架法分析。竖向的单项受力构件或等待框架所得弯矩在池壁水平方向的中段是比较符合实际的，但在两端偏大，这是由于池壁在端部与相邻池壁相连的角隅处，由于池壁的位移受到其约束，不再是沿竖向单向传力，而是竖向和水平向共同传力，

通常将这种角隅处的双向板效应称为角隅效应。对挡土墙式水池考虑角隅效应时，应计算角隅处的水平局部负弯矩。其负弯矩沿池壁高度的最大值按下式计算：

$$M_c = \alpha_c pH^2 \tag{4.41}$$

式中：α_c——角隅处的最大水平弯矩系数，按表 4.14 取值。

角隅处弯矩分布状态如图 4.22 所示。当壁顶为铰支及弹性固定时，角隅处弯矩最大值 M_x 产生在池壁高度中部；当池壁顶端为自由时，M_x 产生在顶端。角隅弯矩沿水平向逐渐衰减，当壁顶为铰支及弹性固定时，角隅弯矩的零点在离水平端 $0.25H$ 处；当池壁顶端为自由端时，角隅弯矩的零点在离水平端 $0.6H$ 处。

表 4.14 角隅处的最大水平弯矩系数 α_c

荷载类别	池壁端支撑条件	壁板厚度	m
均布荷载	自由	$h_1 = h_2$	-0.426
		$h_1 = 1.5h_2$	-0.218
	铰支	$h_1 = h_2$	-0.076
		$h_1 = 1.5h_2$	-0.072
	弹性固定	$h_1 = h_2$	-0.053
三角形荷载	自由	$h_1 = h_2$	-0.104
		$h_1 = 1.5h_2$	-0.054
	铰支	$h_1 = h_2$	-0.035
		$h_1 = 1.5h_2$	-0.032
	弹性固定	$h_1 = h_2$	-0.029

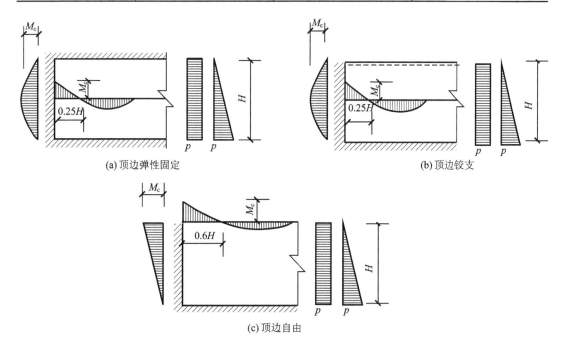

(a) 顶边弹性固定 (b) 顶边铰支

(c) 顶边自由

图 4.22 角隅处弯矩分布状态

角隅处的剪力一般不对池壁的截面设计起控制作用，但使垂直于本池壁方向的相邻池壁产生的拉力或压力仍应计算。对于顶边自由的池壁，可近似按 $l/H=3.0$ 的双向板计算；对于顶边铰支的池壁，可近似按 $l/H=2.0$ 的双向板计算。

5）矩形水池截面设计

（1）厚度的确定。

等厚：$h=H/20 \sim H/10$。

变厚：h_1（底）$=H/20 \sim H/10$，h_2（顶）$=H/20 \sim H/30$。

最小厚度不小于 180mm。

（2）竖向配筋。

构件计算：①无顶盖时忽略壁重，属挡土墙式贮液池按悬臂弯构件计算；②有顶盖时考虑顶盖传下大的轴力，按偏压构件计算池壁。

控制截面：等厚池壁支座截面最大负弯矩；跨中截面最大正弯矩。变厚池壁可增加截面数量，如顶端自由时可取 $H/4$、$H/2$、$3H/4$、H 处截面。

（3）水平筋配。

①角隅处根据该处弯矩和相邻 N 拉力或 N 压力组合，按偏拉或偏压构件计算。

②若相邻角隅处弯矩不相等时，取最大值计算相邻池壁的钢筋量。

③在沿壁长的中部区段，弯矩近似 $M=0$ 按构造配筋。

④池壁转角钢筋的处理，原则上可利用跨中区段的温度筋伸过来弯入相邻池壁，不够再另行补充。

顶端自由时，附加水平筋在离侧端 $H/4$ 处截断；顶端铰支时，附加水平筋在离侧端 $H/6$ 处截断。

（4）基础内力计算及截面设计。

①根据不同荷载组合计算内力。

②外挑及内伸均视为悬臂板。

③条基不必做抗冲切验算。

④取内外最大剪力值验算抗剪承载力。

⑤基础厚度不小于池壁底端厚度，宽度取 $(0.4 \sim 0.8)H$。

⑥完成正截面承载力计算及配筋。

4. 双向板矩形贮液池池壁计算

双向板矩形贮液池池壁主要有两种计算方法，即弯矩分配法和空间弯矩分配法。

下面主要介绍空间弯矩分配法的计算步骤。

（1）先按单块区格板计算。

①三边支撑，一边（顶边）自由。

②四边支撑（底板四边固定），壁板底边固定顶边视情况铰支、固定。

（2）根据荷载形式（梯形、三角形）查表得双向板内力系数。

（3）计算支座处、跨中的弯矩。

（4）再计算相邻交线上不平衡弯矩。

①按线刚度分配给相邻池壁。

②用简易法（相邻棱边的弯矩差多取大、差少取平均值）。

（5）调整跨中弯矩。

（6）按偏拉或偏压构件配筋。

注意以下两种情况的处理。

情况 1：池壁与底端为弹性嵌固时，侧向荷载在池壁底部产生的固端弯矩和地基净反力在底板边沿产生的固端弯矩，二者成不平衡弯矩。按线刚度分配再叠加，而后即为竖向弯矩设计值。

情况 2：池壁下端为固定端，按双向板表格算得的池壁底边竖向弯矩即为最后弯矩。

5.深池池壁计算

对 $H > 2L$ 部分按水平单向计算（按浅池考虑）；板端 $H \leqslant 2L$ 部分按双向计算（见双向板贮液池计算），$H=2L$ 处可视为自由端。

4.4.4 顶盖与底板计算

池顶可分别可按单向板和双向板肋梁楼盖计算其内力，然后进行截面设计配筋；底板可按倒楼盖法设计。具体设计参照混凝土结构设计原理教材。

4.4.5 矩形贮液池的构造要求

矩形贮液池构造的一般要求如下。

（1）截面尺寸、钢筋直径、间距、保护层厚度等与圆形贮液池要求相同。

（2）浅池池壁：除要求配置水平筋外，顶部（自由时）宜配置水平加强筋，直径不小于纵筋，且不小于 12mm，内外两侧各配置两根。

（3）分离式底板：厚度不宜小于 120mm，常用 150～200mm。分离缝连接处理如图 4.23 所示。

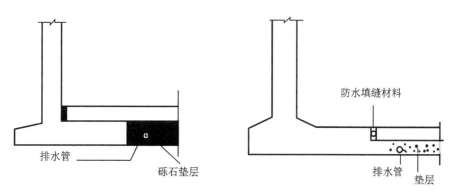

图 4.23 底板分离缝处理

配筋：顶面配置直径不小于 8mm 间距 200mm 的钢筋；底面配置直径不小于 8mm 间距 200mm 的钢筋（在温、湿度变化及地基局部变化时）。

池壁与底板连成整体时或利用底板内钢筋抵抗基础滑移时，锚固长度不小于 l_a。

池壁与顶板的几种连接构造如图 4.24 所示。

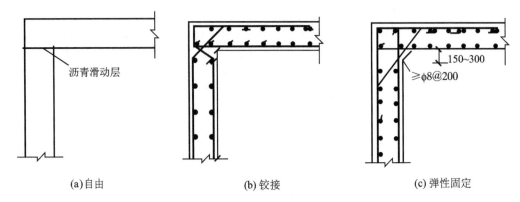

(a) 自由　　　　(b) 铰接　　　　(c) 弹性固定

图 4.24　池壁与顶板的连接构造（单位：mm）

池壁与底板的几种连接构造如图 4.25 所示。

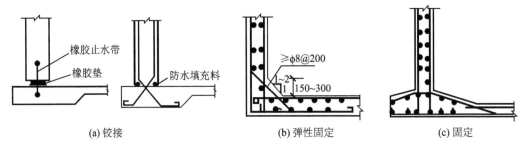

(a) 铰接　　　　(b) 弹性固定　　　　(c) 固定

图 4.25　池壁与底板的连接构造（单位：mm）

矩形水池的配筋构造关键在各转角处，如图 4.26 所示。

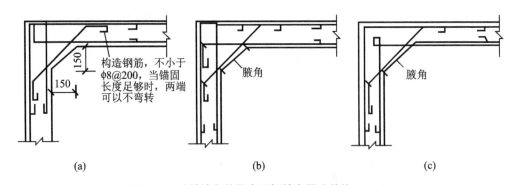

(a)　　　　(b)　　　　(c)

图 4.26　池壁转角处的水平钢筋布置（单位：mm）

池壁与基础的固定连接构造如图 4.27 所示，池壁顶端设置水平框梁作为池壁侧向支承时配筋方式如图 4.28 所示。

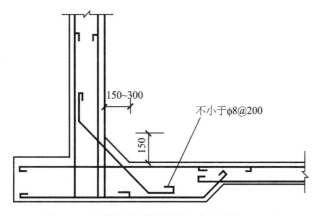

图 4.27 池壁与基础的连接方式（单位：mm）

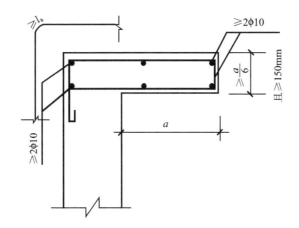

图 4.28 壁顶水平框架截面配筋方式（单位：mm）

4.4.6 计算例题

【例 4.2】设计计算如图 4.29 所示水池，图 4.29（c）为池壁 I 的计算简图，图 4.29（d）为池壁 II 的计算简图。地面标准堆积荷载 $p_d = 10 \text{kN} / \text{m}^2$，填土的重力密度 $\gamma = 18 \text{kN} / \text{m}^3$，填土的标准浮重度 $\gamma' = 10 \text{kN} / \text{m}^3$，填土的标准饱和重度 $\gamma_b = 20 \text{kN} / \text{m}^3$，采用 C20 混凝土，HRB335 级钢筋。

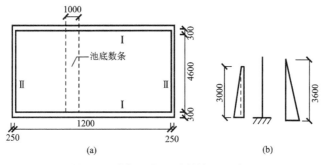

图 4.29 例 4.2 图一（单位：mm）

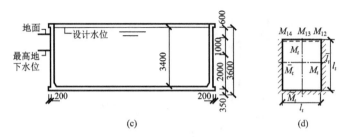

图 4.29　例 4.2 图一（单位：mm）（续）

解:

1. 抗浮稳定计算

标准浮托力为

$$F_k = \gamma_w h_w A = 10 \times 2.35 \times 12.9 \times 5.6 = 1697.64 (\text{kN})$$

抗浮标准荷载为

$$G_{k池壁} = (12.5 \times 5.2 - 12 \times 4.6) \times 3.6 \times 25 = 882 (\text{kN})$$

$$G_{k池底} = 12.9 \times 5.6 \times 0.35 \times 25 = 632.10 (\text{kN})$$

$$G_{k填土} = (12.9 \times 5.6 - 12.5 \times 5.2) \times (2 \times 20 + 1 \times 18) = 419.92 (\text{kN})$$

$$G_{k抹面} = \left[12 \times 4.6 + (12 + 4.6) \times 2 \times 3.6 \times 2 \right] \times 0.02 \times 20 = 117.7 (\text{kN})$$

所以 $G_k = 882 + 632.10 + 419.92 + 117.7 = 2051.72 (\text{kN}) > 1.05 F_k = 1782.522\text{kN}$，满足条件。

2. 内力计算

（1）池壁 I。

因 $\dfrac{L}{H} = \dfrac{12.25}{3.6} = 3.42 > 3$，故按单向受力板计算竖向弯矩。

① 池外水平荷载。取 $\lambda = 1/3$。

由堆积荷载产生:

$$q_{1k} = \lambda p_d = \frac{1}{3} \times 10 = 3.33 (\text{kN/m}^2)$$

$$q_1 = 1.4 \times 3.33 = 4.66 (\text{kN/m}^2)$$

由填土产生:

$$q_{2k} = \lambda \left[\gamma_1 z_w + \gamma_f (z - z_w) \right] = \frac{1}{3} \left[18 \times 1 + 10 \times (3-1) \right] = 12.67 (\text{kN/m}^2)$$

$$q_2 = 1.2 \times 12.67 = 15.2 (\text{kN/m}^2)$$

由地下水产生:

$$q_{3k} = \gamma_w h_w = 10 \times 2 = 20 (\text{kN/m}^2)$$

$$q_3 = 1.4 \times 20 = 28 (\text{kN/m}^2)$$

②池内水压。计算得：

$$q_{4k} = \gamma_w h_w = 10 \times 3.4 = 34(\text{kN}/\text{m}^2)$$

$$q_4 = 1.2 \times 34 = 40.8(\text{kN}/\text{m}^2)$$

③弯矩。

情形 A：池外有土，池内无水。

$$M = \frac{1}{2} \times 4.66 \times 3^2 + \frac{1}{6} \times (28+15.2) \times 3^2 = 85.77(\text{kN}\cdot\text{m})$$

$$M_k = \frac{1}{2} \times 3.33 \times 3^2 + \frac{1}{6} \times (20+12.67) \times 3^2 = 63.99(\text{kN}\cdot\text{m})$$

情形 B：池外无土，池内满水。

$$M = -\frac{1}{6} \times 40.8 \times 3.6^2 = -88.13(\text{kN}\cdot\text{m})$$

$$M_k = -\frac{1}{6} \times 34 \times 3.6^2 = -73.44(\text{kN}\cdot\text{m})$$

④池壁在角隅处的水平设计弯矩 $M_x = mpH^2$，m 查表 4.3。

情形 A：

$$M_x = 0.218 \times 4.66 \times 3^2 + (28+15.2) \times 0.054 \times 3^2 = 9.14 + 21 = 30.14(\text{kN}\cdot\text{m}/\text{m})$$

情形 B：

$$M_x = -0.054 \times 40.8 \times 3.6^2 = -28.55(\text{kN}\cdot\text{m}/\text{m})$$

（2）池壁Ⅱ。

①因 $\dfrac{L}{H} = \dfrac{4.9}{3.6} = 1.36$，$0.5 < 1.36 < 3$，故按三边固定上边自由的双向受力板计算弯矩，如图 4.29（d）所示。计算公式为

$$M_x = m_i q l^2$$

$l = l_x = 4.9\text{m}$，$\mu = \dfrac{1}{6}\mu$，$\dfrac{l_y}{l_x} = \dfrac{3.6}{4.9} = 0.73$，$m_i$ 查矩形板在三角形荷载作用下静力计算表，得计算结果如表 4.15 所列。

表 4.15 结算结果

M /(kN·m)		M_{nx}	M_{np}	M_x	M_p	$\bar{M}_x$	—
m_i	矩形荷载	-0.0662	0.0378	0.022	0.0107	-0.051	-0.0555
	三角形荷载	-0.0093	0.0096	0.0083	0.0074	-0.0213	-0.0287
情形 A	矩形荷载	7.41	-4.23	-2.46	-1.2	5.71	6.21
	三角形荷载	9.65	-9.96	-8.61	-7.68	22.09	29.77
合计		17.06	-14.19	-11.07	-8.88	27.80	35.98
情形 B		-9.11	9.4	8.13	7.25	-20.87	-28.11

② $N = \gamma qL$，$\dfrac{L}{H} = \dfrac{490}{360} = 1.36$，三角形荷载，查边缘反力系数表得 $\gamma = 0.126$，故

$N = 0.126 \times 40.8 \times 4.9 = 25.19(\text{kN}/\text{m})$，为池壁 I 沿水平向的拉力。

(3) 因 $\dfrac{L_1}{L_2} = \dfrac{12.25}{4.9} = 2.51 > 2$，故沿短向取截条，如图 4.30 所示。

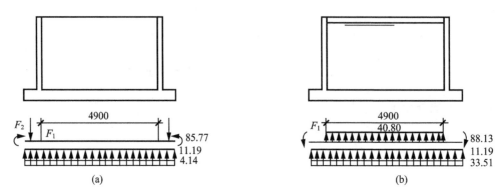

图 4.30　例 4.2 图二（单位：mm）

情形 A：

由池壁传下的设计荷载为

$$F_1 = \frac{0.24 + 0.34}{2} \times 3.6 \times 25 \times 1.2 = 31.32(\text{kN})$$

由 F_1 产生的地基反力设计值为

$$p_1 = \frac{2 \times 31.22}{5.6} = 11.19(\text{kN}/\text{m}^2)$$

由填土传下的设计荷载为

$$F_2 = (18 \times 1 + 20 \times 2) \times 0.2 = 11.6(\text{kN})$$

由 F_2 产生的地基反力设计值

$$p_2 = \frac{2 \times 11.60}{5.6} = 4.14(\text{kN}/\text{m}^2)$$

池壁下端弯矩 $M = 85.77\,\text{kN}\cdot\text{m}$，则截板条的跨中弯矩 M_0 为

$$\begin{aligned}
M_0 &= -\frac{1}{8} \times 11.19 \times 4.9^2 + \frac{4.14 \times 2.8^2}{2} - 11.6 \times 2.7 + 85.77 \\
&= -33.58 + 16.23 - 31.32 + 85.77 \\
&= 37.10(\text{kN}\cdot\text{m})
\end{aligned}$$

表明下缘受拉。

情形 B：

由池内设计水压产生的地基反力设计值为

$$p_3 = \frac{40.8 \times 4.6}{5.6} = 33.51(\text{kN} / \text{m}^2)$$

池壁下端弯矩 $M = -88.13\text{kN·m}$，则截板条的跨中弯矩 M_0 为

$$M_0 = -\frac{1}{8} \times 11.19 \times 4.9^2 + \frac{33.51 - 40.8}{2} \times 2.45^2 + (11.19 + 35.51) \times 0.35 \times \left(2.8 - \frac{0.35}{2}\right) - 88.13$$

$$= -33.58 - 21.88 + 41.07 - 88.13 = -102.50(\text{kN·m})$$

表明上缘受拉。

池壁下端的剪力即为池底所受的拉力 N，其值为

$$N = 40.8 \times 3.6 \times \frac{1}{2} = 73.44(\text{kN})$$

3. 强度计算

（1）池壁 I。

按受弯构件计算竖向钢筋，按偏心受拉构件计算转角处水平钢筋。池壁 I 中段的水平钢筋按轴心受拉计算。

（2）池壁 II。

按受弯构件计算。

（3）池底。

长、短向钢筋按受弯构件计算，短向上层钢筋按偏心受拉构件计算。

验算裂缝：

①池壁 I 的水平裂缝按受弯构件计算；

②池底按偏心受拉构件计算。

其余计算从略。

本 章 小 结

本章根据规范，着重介绍荷载组合、计算简图、内力计算方法、构造设计。主要针对圆形及矩形贮液池进行讲解。难点是圆形贮液池的池壁内力分析，应理解圆形贮液池的公式推导过程，掌握常用贮液池的环向力及径向弯矩在不同特征值下的分布规律曲线。重点掌握矩形贮液池的池壁设计计算方法，掌握贮液池的角隅处弯矩的分布规律；重点掌握圆形贮液池的查表法的设计方法。应通过例题加以巩固提高。对构造应熟悉节点的要求，掌握整体抗倾覆与局部抗倾覆的验算方法。

思 考 题

4.1 作用在贮液池上的荷载有哪些？在取值时应注意哪些问题？

4.2 圆形贮液池池壁计算中做了哪些假定? 目的是什么?

4.3 矩形贮液池分为几类? 每类的计算特点是什么?

4.4 对贮液池伸缩缝的处理上应该考虑哪些问题? 实际工程中有哪些处理方法?

4.5 总结圆形贮液池和矩形贮液池的设计计算步骤。

习　题

4.1 一容量为 250m³ 的地下钢筋混凝土圆形贮液池, 采用装配式顶盖, 现浇池壁, 底板和内柱如图 4.31 所示。地基土为亚黏土, 内摩擦角 $\varphi=30°$, 修正后的地基承载力特征值 $f_a=110kN/m^2$, 顶盖活荷载 $q_k=1.5kN/m^2$, 池体材料采用 C25 混凝土, HRB335 级钢筋, 地板下设置 C10 混凝土垫层, 厚 100mm。池壁四周填土重度 $\gamma=18kN/m^3$, 水池内壁、顶、底板以及支柱表面均用 1:2 水泥砂浆抹面, 厚 20mm, 水池外壁及顶面均刷冷底子油及热沥青一道。试设计计算此贮液池。

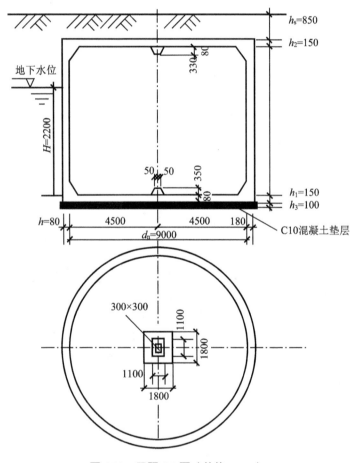

图 4.31　习题 4.1 图（单位: mm）

4.2　容量为 300m³ 的无顶盖地上矩形水池，沿四周池壁顶部设置宽度为 700mm 的走道板，池壁除考虑水压力作用外，尚应考虑壁面湿差的当量温差 $\Delta T = 10℃$ 的作用，材料 C20 混凝土和 HRB335 级钢筋。修正后的地基承载力特征值 $f_a = 150\text{kN}/\text{m}^2$。池底面相对标高 -0.5m（池外底面 ±0.000），如图 4.32 所示，试设计计算此水池。

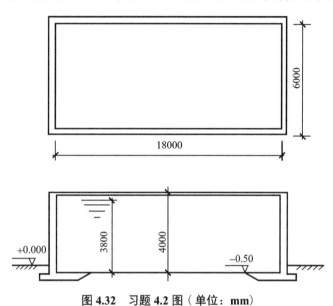

图 4.32　习题 4.2 图（单位：mm）

第 **5** 章
水　　塔

本章教学要点

知识模块	掌握程度	知识要点
平底式水箱 英兹式水箱 倒锥壳式水箱	掌握	三种水箱的组成、水箱的构造措施
	重点掌握	水箱的各组成构件的内力计算方法，包括径向力、环向力
支架式塔身	重点掌握	荷载计算、内力分析、内力组合和结构设计方法
壁式塔身筒	掌握	附加弯矩的理解、公式的推导
基础设计	了解	环形基础设计方法

本章技能要点

技能要点	掌握程度	应用方向
结合贮液池箱壁简化	掌握	水箱箱壁的计算
带悬挑板、不带悬挑板	掌握	平地板的计算
反弯点法	重点掌握	支架塔身的计算

 导入案例

曼海姆水塔是德国曼海姆城的标志性纪念建筑物，矗立在现今的弗里德里希广场上，被公认为欧洲最大、最美的青春艺术风格建筑。

曼海姆水塔由柏林建筑师布鲁诺·施密茨设计，建于1886—1889年，后来成为弗里德里希广场的设计出发点。这是一座60m高的水塔，塔身通体为黄色巴罗什建筑风格，塔顶雕刻有3.5m高的安菲特里忒塑像，安菲特里忒是海神波塞冬之妻。之后在1903年，在其周围用青春艺术风格建造了喷泉、艺术泉、拱廊和绿化地带。

在这座雄伟的纪念性建筑物前，有美轮美奂的喷泉，每到夜晚降临，水塔便沐浴在柔美灯光之中。青铜制的美人鱼和特里同、两组半人马群石刻雕塑、铜制塔顶上的安菲特里忒塑像等为水塔平添了几分魅力。艺术泉在夏天黑暗降临时，有一小时的灯光照耀；冬天，在水塔和海神泉之间有圣诞市场开放。因此，这里成了曼海姆市内老少皆宜的聚会场所，每天都是热闹非凡。

德国曼海姆水塔远景

德国曼海姆水塔近景

5.1 水 箱

水塔是用于建筑给水、调剂用水、维持水压并起到沉淀和安全用水作用的构筑物。它的组成，主体部分包括水箱、塔身、基础，附属部分包括水管、爬梯、平台、水位指示装置等。常用水箱的形式有平底式水箱、英兹式水箱、倒锥壳式水箱。

一般按照水箱容量选择形式：

(1) 水箱容量 $V < 100\text{m}^3$ 时，可采用平底式水箱；

(2) 水箱容量 $V \geq 100\text{m}^3$ 时，可采用英兹式水箱和倒锥壳式水箱。

5.1.1 平底式水箱

平底式水箱由正锥壳顶、上环梁、圆柱壳壁、中环梁、平底板等组成（图 5.1）。

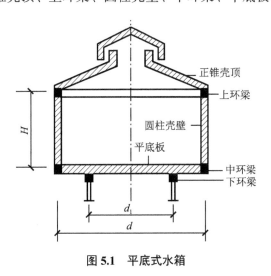

图 5.1 平底式水箱

平底式水箱施工方便，支模简单，多用于小型水塔。

平底式水箱计算方法如下。

（1）正锥壳顶盖可按近似无弯矩理论（薄膜理论）计算（图5.2）。

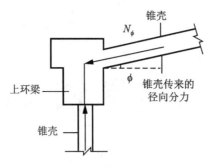

图5.2　顶盖计算简图

可采用变截面，根据薄壳理论的分析，正锥壳顶盖在垂直荷载作用下，由于直径及荷载较小，壳内弯矩和轴力很小。

（2）圆柱形水箱筒壁可以简化为以下情况计算（图5.3）。

竖向弯矩：按上端自由、下端固定的圆柱壳计算。

环向拉力：按上端自由、下端铰支的圆柱壳计算。

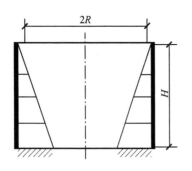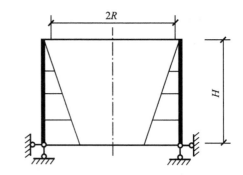

(a) 水箱箱壁竖向弯矩计算简图　　　　　　(b) 水箱箱壁环向拉力计算简图

图5.3　水箱计算简图

（3）水箱底板可简化为按带或不带悬臂的圆板情况计算（图5.4）。

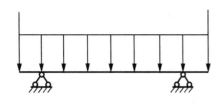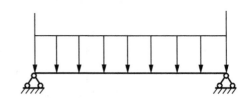

(a) 带悬臂的圆板情况　　　　　　　　　(b) 不带悬臂的圆板情况

图5.4　水箱底板计算简图

（4）上环梁通常可按轴拉构件计算。

（5）下环梁可按垂直荷载作用下的等跨连续曲梁计算内力，并与风载引起的内力组合（可参照倒锥壳的相关计算）。

5.1.2 英兹式水箱

英兹式水箱由正锥壳顶、圆柱壳壁、倒锥壳、球壳底、环梁等组成（图5.5）。

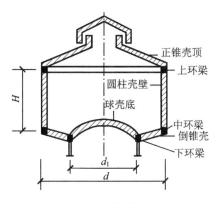

图5.5 英兹式水箱

英兹式水箱由球壳及倒锥壳承受压力，有受力合理的特点。

球壳及倒锥壳计算方法如下：在自重及水压作用下，径向力及环向力可按无弯矩理论计算；径向弯矩可按周边固定，计算边缘处的径向弯矩（可参照倒锥壳的相关计算）。

5.1.3 倒锥壳式水箱

倒锥壳式水箱由正锥壳顶、倒锥壳底、环梁等组成（图5.6）。

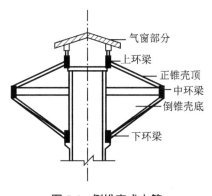

图5.6 倒锥壳式水箱

倒锥壳式水箱的容量大，直径大处水压力较小、柔度大，可以考虑附加弯矩；环梁起到增加水箱刚度和稳定性的作用，同时保证上下壳体可靠结合。

5.2 水箱构造与设计

5.2.1　水箱构造

1. 构造要求

（1）材料：混凝土强度等级不小于 C20，钢筋为 HPB300 级或 HRB335 级。

（2）正锥壳顶盖：可做成变截面的正圆锥壳，锥面坡度可取 1/3 ～ 1/4，厚度不小于 60mm。正锥壳弯矩及剪力较小，需按构造配筋 Φ10@200，且配筋不小于 0.2%，在锥面长度的 1/3 范围内，为了能有效地承受边缘局部较大的弯矩，宜配置双层构造钢筋。

（3）壳壁：厚 $h \geqslant 120$mm，且宜配双层钢筋，单面配筋率 $\rho \geqslant 0.2\%$，配筋量不应小于 Φ8@200。小容量水箱的壁板上部可仅配单层钢筋。

（4）箱底：平板厚度一般不小于 120mm，球壳厚度一般不小于 100mm，球壳的矢高与其水平直径之比一般为 1/8 ～ 1/6。单面配筋率 $\rho \geqslant 0.2\%$，并不小于 Φ8@200 的配筋量；倒锥壳底的锥面坡度宜取 1:1，倒锥壳承受环向拉力较大，根据抗裂性要求，其厚度宜大于水箱壁的厚度；环向筋由计算环向拉力确定配筋数量，并沿壳面两侧布置；为了使径向筋有效地承受弯矩，两端应可靠锚入中环梁和下环梁。

球壳底以承受压力为主，一般按构造配筋，环向筋和径向筋均不小于 Φ8@200。

（5）环梁：上环梁和中环梁分别按锥壳顶盖和倒锥壳上端传来的水平推力进行配筋计算和抗裂验算；下环梁在球壳和倒锥壳引起的水平推力的差值下，按轴拉构件计算。环梁的截面尺寸、配筋构造要求与平底水箱相同。环梁宽度不宜小于 200mm，高度不宜小于 300mm，对于有保温层的水箱，环梁截面高度一般不小于 350mm。环向钢筋的配筋率 $\rho \geqslant 0.4\%$，并至少有 4 根直径为 12mm 的钢筋。箍筋不应小于 Φ6@200 的配筋量。

（6）水箱的检修孔周边应设加强筋，管道处的截面应局部加厚配置加强筋，并应设置伸缩器。

2. 水箱的防渗与保温

1）水箱防渗

（1）水箱抗渗性能与混凝土材料等级、施工的密实性有关（涉及骨料级配、水泥用量、水灰比、养护条件等）。

（2）尽量连续施工，储水部分只允许在中环梁上设置一道施工缝。

（3）做好预埋件工作，不应凿洞。

2）水箱保温

（1）池壁保温：−20 ～ −8℃ 环境，采用砖护壁和空气保温层；−40 ～ −20℃ 环境，在空气层内添加松散保温材料。特别寒冷时应采用防寒带。

（2）倒锥壳保温：化学保温法（喷射及喷涂）；用 T 形小肋形成空腔，内填保温材料或形成空气保温层、做泡沫混凝土保温层；加砖护壁。

（3）水管保温：采用矿渣棉或玻璃布包扎。

5.2.2　水箱设计

1. 内力分析

1) 正锥壳内力分析

顶壳直径和荷载都不大，根据壳体理论，证明壳内的弯矩都很小，所以可以近似按无弯矩理论计算顶盖内力。

（1）集中荷载作用下的内力（图 5.7）。

集中力有人防孔传来的荷载 $\sum P$，在此作用下顶盖产生的环向力及径向力分别为

$$
\left.\begin{aligned}
N_{\mathrm{r}1} &= \frac{\sum P}{2\pi\cos\varphi\sin\varphi} \\
N_{\mathrm{t}1} &= 0
\end{aligned}\right\} \tag{5.1}
$$

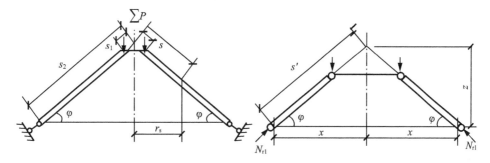

图 5.7　集中荷载作用下顶盖受力图

（2）自重作用下的内力（图 5.8）。

正锥壳自重 g 作用的方向与壳体表面的夹角为 $90°-\varphi$，所形成的内力为

$$
\left.\begin{aligned}
N_{\mathrm{r}2} &= \frac{gs\left[1-\left(\dfrac{s_1}{s_2}\right)^2\right]}{2\sin\varphi} \\
N_{\mathrm{t}2} &= gs\cos\varphi\cot\varphi
\end{aligned}\right\} \tag{5.2}
$$

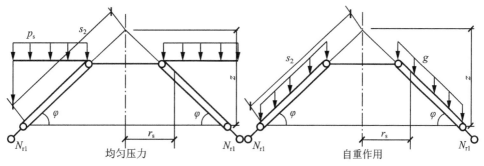

图 5.8　自重作用下顶盖受力图

（3）顶盖均布荷载作用下的内力。

顶盖在均布荷载 p_s 作用下产生的内力如下：

$$N_{r3} = \frac{p_s s \left[1 - \left(\dfrac{s_1}{s} \right)^2 \right]}{2 \cot \varphi} \left.\right\} \tag{5.3}$$
$$N_{t3} = p_s \cos^2 \varphi \cot \varphi$$

各种荷载同时作用下的内力为

$$\left. \begin{aligned} N_r &= N_{r1} + N_{r2} + N_{r3} \\ N_t &= N_{t1} + N_{t2} + N_{t3} \end{aligned} \right\} \tag{5.4}$$

2）倒锥壳内力分析

计算时可取上端定向约束、下端固定约束的计算简图，按无弯矩理论计算倒锥壳的径向力和环向力（图 5.9）。

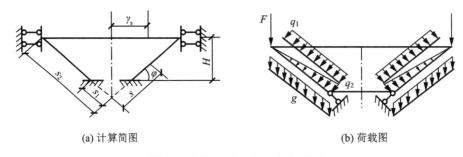

(a) 计算简图   (b) 荷载图

图 5.9　倒锥壳计算简图和荷载图

自重作用、三角形水压力作用、均布水压力作用、中环梁传来的环形竖向力作用如下。

（1）自重 g 作用下的薄膜内力为

$$N_{r1} = \frac{gs \left[\left(\dfrac{s_2}{s} \right)^2 - 1 \right]}{2 \sin \varphi} \left.\right\} \tag{5.5}$$
$$N_{t1} = gs \cos \varphi \cot \varphi$$

（2）三角形水压力 q_2 作用下的薄膜内力为

$$N_{r2} = \frac{q_2 s^2}{6H} \cos \varphi \left[\left(\frac{s_2}{s} \right)^2 - 3 \left(\frac{s_2}{s} \right) + 2 \right] \left.\right\} \tag{5.6}$$
$$N_{t2} = \frac{q_2 s (s_2 - s) \cos \varphi}{H}$$

（3）均布水压力 q_1 作用下的薄膜内力为

$$N_{r3} = \frac{q_1 s}{2} \cot \varphi \left[\left(\frac{s_2}{s} \right)^2 - 1 \right] \left.\right\} \tag{5.7}$$
$$N_{t3} = q_1 s \cot \varphi$$

（4）均布荷载 F（中环梁传来的环形竖向力）作用下的薄膜内力为

$$N_{r4} = \frac{Fr}{r_s \sin\varphi} \\ N_{t4} = 0 \\ F = \frac{G_b}{2\pi r}$$

\qquad (5.8)

（5）各种荷载作用下的薄膜内力为

$$N_r = N_{r1} + N_{r2} + N_{r3} + N_{r4} \\ N_t = N_{t1} + N_{t2} + N_{t3} + N_{t4}$$

\qquad (5.9)

（6）径向固端弯矩（kN•m）为

$$M_i = \sum \frac{k_m q_i H^2}{\sin^2 \varphi}$$

（7）固端水平力（kN）

$$H_i = \sum \frac{k_H q_i H^2}{\sin^2 \varphi}$$

\qquad (5.10)

式中：q_i——三角形水压力 q_2、均布水压力 q_1、自重 $\dfrac{g}{\cos\varphi}$；

k_m、k_H——系数；

M_i——沿圆周作用在 1m 弧长截面上的径向固端弯矩，正值使外边缘受拉，负值使内边缘受拉；

H_i——沿圆周作用在 1m 弧长截面上的固端水平力。

3）环梁内力分析

（1）上环梁受力如图 5.10 所示。

轴向力为

$$N = \frac{\sum P}{2\pi \tan\varphi}$$

\qquad (5.11)

（2）中环梁受力如图 5.11 所示。

轴向力为

$$N = \left[N_\varphi \cos\varphi + \left(N_{\varphi 1} \sin\varphi_1 + P_h \right) + \gamma_w h \right] R_h$$

\qquad (5.12)

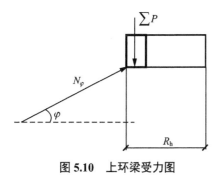

图 5.10 上环梁受力图

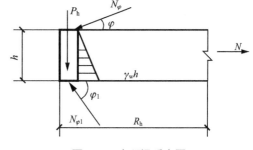

图 5.11 中环梁受力图

（3）下环梁受力如图 5.12 所示。

轴向压力为

$$N = N_\varphi \cos\varphi R_\mathrm{h} \tag{5.13}$$

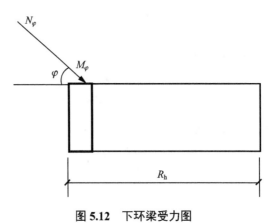

图 5.12 下环梁受力图

2. 截面设计

（1）承载力计算时，除顶盖以外，设计内力可乘以调整系数 K，K 取 $1.0 \sim 1.1$。

（2）顶盖（包括上环梁、气窗、检修孔）根据设计内力，一般按受弯构件、轴心受拉构件、轴心受压构件的矩形截面计算其承载力。

（3）壁板。

①竖向根据设计弯矩 M，按矩形截面受弯构件计算竖向钢筋。

②环向根据设计环向拉力 N，按轴心受拉矩形截面设计环向钢筋。

③根据中环梁的设计拉力 N，按轴心受拉构件计算其环向钢筋。

（4）水箱底部。

①平底板根据设计弯矩，按矩形受弯构件计算径向钢筋和环向钢筋。

②倒锥壳根据径向固端设计弯矩 M_f 和设计径向压力 N，按矩形偏心受压构件对称配筋计算其承载力，确定径向钢筋，近似取偏心距增大系数 $\eta=1$；在计算倒锥壳时，可对下端的固端弯矩 M 取用 0.9，以确定中部截面的弯矩值。根据设计环向拉力 N_t，按矩形轴心受拉构件计算环向钢筋。

③球壳根据径向固端设计弯矩 M_f 和设计径向压力 N_r，按矩形偏心受压构件计算径向钢筋，取偏心距增大系数 $\eta=1$；根据环向设计压力 N_t，按轴心受压构件计算环向钢筋，取稳定性系数 $\phi=1$。

④下环梁根据设计内力，按矩形截面计算其承载力。倒锥壳水箱的下环梁一般为偏心受压构件。

⑤以上构件尚应根据标准弯矩、标准环拉力，计算其相应的最大裂缝宽度 $\omega_{\max}$，且应满足 $\omega_{\max} \leqslant 0.20\mathrm{mm}$。

（5）圆形平板、锥壳、柱壳、球壳的内力，均系作用在 1m 宽度截面上的内力值。弯矩沿哪一方向作用,钢筋即沿此方向布置。弯矩使板的哪一面受拉,钢筋即靠近此面放置,且均按矩形截面计算,截面宽度取 1000mm。

5.3 塔 身

5.3.1 塔身构造

水塔的塔身形式有支架式和筒壁式两种形式。

1. 支架式塔身构造

支架式塔身一般由钢空间桁架或钢筋混凝土空间钢架做成。根据水箱的容量、塔身的高低、荷载的大小,支架分别由四柱、六柱和八柱组成(图 5.13)。

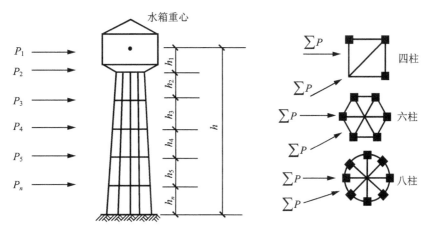

图 5.13 支架式塔身构造

塔身支柱为直柱时,截面面积不小于 300mm×300mm,角柱配筋率不小于 0.8%。

塔身支柱为斜柱时,斜率一般为 1/20 ～ 1/30,截面面积不小于 300mm×300mm。腋角尺寸宽度为 400 ～ 600mm,高度为 200 ～ 300mm;横梁布置为沿高每 3 ～ 5m 设置。支架式塔身外形美观,坚固耐用,具有较强的抗震性能,但不利于抗寒。

2. 筒壁式塔身构造

筒壁配筋:如为单层配筋,则外侧的环形钢筋的配筋率 $\rho \geqslant 0.2\%$,纵向钢筋的总配筋量不小于 0.4% 和 Φ12@200;砖壁沿高度 4 ～ 6m 设一道圈梁,尺寸不小于 240mm×180mm,砖壁不小于 240mm;钢筋混凝土筒壁厚度不应小于 100mm,当采用滑模施工时,不宜小于 160mm。圈梁配筋不小于 4Φ18;洞口处配筋应加强;所有水塔立柱按角柱配筋,箍筋不宜小于 Φ6@250。如图 5.14 所示为梁柱节点构造。

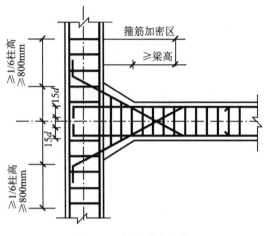

图 5.14 梁柱节点构造

5.3.2 支架式塔身计算

1. 荷载计算

可能出现的荷载：结构自重、设备重，各种活荷载、风荷载、满水压力、地震作用等。

(1) 风荷载、雪荷载：按《建筑结构荷载规范》(GB 50009—2012) 确定。

(2) 地震作用：以水箱为主，按单质点体系考虑，按底部剪力法计算地震作用。

地震作用在水箱重心，其值为

$$F_{Ek} = \alpha_1 G_{eq}$$

式中：α_1——地震影响系数；

　　G_{eq}——结构等效重力荷载，$G_{eq} = G_0 + \beta G_1$；

　　G_0——水箱重力荷载代表值；

　　G_1——支承结构、设备、平台重力荷载代表值之和；

　　β——弯矩等效运算系数，可取 0.35。

2. 荷载组合计算

1) 荷载组合

(1) 满水箱：考虑结构自重、水箱内水压力、塔顶雪荷载或活荷载、平台及楼梯上的活荷载、设备自重及风荷载。

(2) 空水箱：考虑结构自重、设备自重和风荷载。

满水箱是为了求出 N_{max} 及相应 M 组合；空水箱是为了求出 N_{min} 及相应 M 组合。

2) 风载体型系数

倒锥形水箱：0.7。

圆柱形水箱：0.6。

支架结构的梁柱：1.3。

3）地震作用与风荷载组合计算

原则：按单质点体系考虑。

方法：基底剪力法。

当考虑地震作用与风荷载组合时，风荷载取 25%。

3. 支架式塔身柱内力分析计算

1）水平荷载作用下柱的内力计算

（1）支柱反弯点位置假定：①顶层柱的反弯点在距支架顶 2/3 层高处；②中间各层柱的反弯点在柱中间；③底层柱的反弯点在距基础顶面 2/3 层高处。

（2）各层柱剪力。

以八根柱塔身为例，塔柱的惯性矩如图 5.15 所示。

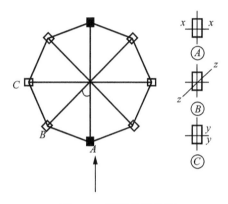

图 5.15　塔柱的惯性矩

A、B、C 柱对抵抗某一方向的水平作用的惯性矩是不同的，具体为

$$\left.\begin{aligned}
I_A &= I_{x-x} = \frac{1}{12}bh^3 \\
I_B &= I_{z-z} = I_{x-x}\cos^2\alpha + I_{y-y}\sin^2\alpha = \frac{1}{2}(I_{x-x} + I_{y-y}) \\
I_C &= I_{y-y} + \frac{1}{12}b^3h
\end{aligned}\right\} \tag{5.14}$$

每层每个支柱在反弯点处按线刚度分配到的剪力（若每层柱高相同、弹性模量相同）为

$$V_{ij} = V_i \frac{I_{ij}}{\sum\limits_{i=1}^{n} I_{ij}} \tag{5.15}$$

若为正方形柱，则 $I_{x-x} = I_{y-y} = I_{z-z}$，有如下关系：

$$V = \frac{\sum P}{n} \tag{5.16}$$

式中：$\sum P$——所计算层反弯点以上的水平荷载总和；

　　　　n——支柱根数。

（3）各层柱上下端弯矩。

由各柱的剪力和反弯点的位置，可得到各层柱的上下端弯矩（图5.16）。

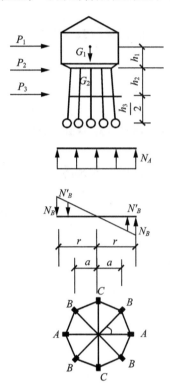

图 5.16   八根柱塔身受力分析

2）各柱轴力

在反弯点处，柱的轴心压力 N 由两部分组成。

（1）第一部分 N_A 是由该反弯点以上的竖向荷载产生的。

竖向荷载作用下各柱轴力为

$$N_A = \frac{G_1 + G_2}{n} \tag{5.17}$$

（2）第二部分 N_B 是由该反弯点以上的水平力对反弯点产生的弯矩引起的。

由图5.16，根据反弯点处力矩为零的条件可求出 N_B，在竖向荷载下可求出 N_A：

$$\sum Ph = P_1(h_1 + h_2 + h_3) + P_2\left(h_2 + \frac{h_3}{2}\right) + P_3\frac{h_3}{2} = 2N_B + 4N_B'a$$

$$N_B' = \frac{a}{r}N_B \tag{5.18}$$

$$\sum Ph = \frac{2N_B}{r}\left(r^2 + 2a^2\right)$$

$$N_B = \frac{\sum Phr}{2r^2 + 4a^2} \tag{5.19}$$

对于八柱支架：

$$N_B = \frac{\sum Ph}{4r}$$

对于六柱支架：

$$N_B = \frac{\sum Ph}{3r}$$

对于四柱支架：

$$N_B = \frac{\sum Ph}{2r}$$

由上可知，各架柱的轴力为

$$N_{\min}^{\max} = N_A \pm N_B \tag{5.20}$$

4.横梁端部弯矩和剪力计算

支柱的根数不同，水平荷载作用方向不同，则横梁的内力就不同。与荷载作用方向垂直的横梁无内力；与荷载作用方向平行的横梁内力可由节点平衡条件求得；与荷载作用方向成一定角度的横梁的内力，可忽略扭矩，横梁在交点的弯矩分量之和可由该交点的平衡条件求出，弯矩分量求得后再求出梁端弯矩，如图5.13所示。

按节点平衡条件求出：$M_{梁} = M_{上柱底端} + M_{下柱底端}$。

5.3.3 筒壁式塔身计算

筒壁式塔身用在塔身高度不大，使用材料可就地取材的情况。钢筋混凝土视具体情况可设计成等厚或变厚，如图5.17所示。

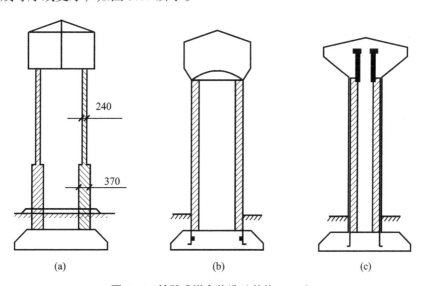

图 5.17　筒壁式塔身构造（单位：mm）

1. 筒壁式塔身内力分析

（1）计算简图：筒壁式塔身可视为竖向悬臂构件计算其内力。

（2）荷载：塔身上作用有水平风荷载、水平地震作用、竖向地震作用和重力荷载。

（3）附加弯矩：钢筋混凝土筒壁高而细，在水平荷载、施工偏差及基础倾斜等因素影响下，产生的侧移相对较大，因而使结构自重引起的附加弯矩也会加大，因此在计算内力时应予以考虑。

（4）竖向荷载作用下的内力计算。

图 5.18 所示竖向荷载作用下的竖向压力为

$$N=G_0+G_z \tag{5.21}$$

式中：G_0——水箱的重力，分为满载和空载；

G_z——z 截面以上的塔身重力。

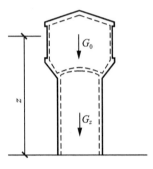

图 5.18　计算简图

（5）水平荷载作用下的内力计算。

对筒壁式塔身，水平风荷载和水平地震作用都可看成沿高度方向非均匀分布的线荷载，按悬臂构件可求得任何截面的弯矩和剪力（图 5.19）。

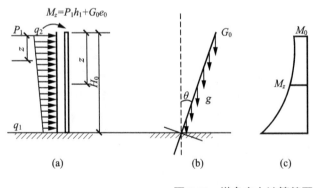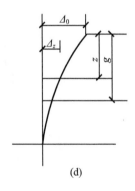

图 5.19　塔身内力计算简图

用 P_1 表示简化于水箱重心处的水平集中力，q_1、q_2 分别表示筒壁下端、上端的水平分布线荷载，则从图 5.19 和图 5.13 可见，水平荷载在 z 截面处产生的弯矩为

$$M_z = P_1 h_1 + P_1 z + q_2 \frac{z^2}{2} - (q_2 - q_1)\frac{z^3}{6H} \tag{5.22}$$

　　水塔同时作用有水平荷载和竖向荷载，在水平荷载作用下，水塔产生侧向位移，基础的不均匀沉降可以导致塔身倾斜，施工误差也可能造成水箱部分重力作用的合力不通过圆筒塔身截面中心，这些都会造成塔身内的附加弯矩。

　　因施工误差造成的水箱部分重力作用线对圆筒塔身截面形心的偏心距 e_0 与水箱部分重力荷载 G_0 所产生的附加弯矩为 $G_0 e_0$。

　　因水平荷载、水箱安装偏心距等引起的基础倾角之和 θ 与筒身单位高度的重力荷载 g 和水箱重力荷载 G_0 在 z 截面处产生的水平弯矩为 $G_0 z \tan\theta + 0.5 g z^2 \tan\theta$，这样计入竖向荷载在 z 截面处产生的附加弯矩后总量为

$$M_z = P_1 h_1 + P_1 z + q_2 \frac{z^2}{2} - (q_2 - q_1)\frac{z^3}{6H} + G_0 z \tan\theta + 0.5 g z^2 \tan\theta \tag{5.23}$$

　　在弯矩 M_z 作用下产生新的侧移。用 Δ_0 表示顶点的位移，用 Δ_z 表示 z 截面处的侧移，则此两点相对位移使 G_0 和 g 产生新的附加弯矩，由 G_0 产生的新附加弯矩为

$$M_{\Delta_z} = G_0 (\Delta_0 - \Delta_z) \tag{5.24}$$

　　根据弯矩 M_z 求得弯矩 Δ_0、Δ_z，代入式（5.24）得：

$$
\begin{aligned}
M_{\Delta_z} = \frac{1}{120} \times \frac{G_0 z}{BH} \Big[&60(P_1 h_1 + G_0 e_0) H_0 (2H_0 - z) + 20 H_0 (P_1 + G_0 \tan\theta)(3H^2 - z^2) + \\
&P_1 (5H^4 - z^4) + P_2 (15 H_0^4 - 5H z^3 + z^4) + 5 g H_0 \tan\theta (4 H_0^4 - z^3) \Big]
\end{aligned} \tag{5.25}
$$

式中：B——钢筋混凝土筒壁的抗弯强度，考虑到裂缝、徐变等因素，近似取为 $B = 0.8 I_0 E_c$。

　　附加弯矩 M_{Δ_z} 又会产生新的侧移，从而又产生新的附加弯矩，在目前所采用的塔身高度和直径比值情况下，随着次数的增加，附加弯矩是收敛的，可近似取一个高阶影响系数 K 来表达，从而可得计算截面 z 处的总附加弯矩为

$$M_{\Delta_z} = (G_0 z + 0.5 g z^2) \tan\theta + K M_{\Delta_z} \tag{5.26}$$

$$K = \cfrac{1}{1 - \cfrac{1.33 G_0 H_0^2}{E_c I_0}}$$

2. 塔身截面设计

　　（1）柱根据对角线方向及正方向在满荷载和空荷载下求 $N_{\max}$ 及和 $N_{\min}$ 相应的 M，按单向或双向偏压计算（若 $N_{\min}$ 为拉力，按受拉构件计算）。

　　（2）横梁按受弯构件计算。

　　（3）筒壁式塔身为偏压环形构件，控制截面在基础顶或某层洞口处。

5.3.4　塔身抗震设计

1. 支架式

　　（1）支架式塔身在水箱下、基础上 800mm 内和梁柱节点上下一个柱宽及不小于柱高

1/6 范围，钢筋需配置间距大于 100mm。

(2) 8 度、9 度抗震设防时直径不小于 8mm。

(3) 8 度、9 度抗震设防区高大于 20m 时，沿高度 10m 设置水平交叉支撑。

2. 筒壁式

(1) 砖壁：厚度有地震作用控制，砖强度等级 MU 不小于 10 MPa，砂浆等级 M 不小于 5 MPa。

(2) 钢筋混凝土壁：配筋竖向直径 d 不小于螺纹 12@200，L_a 不小于 40d，搭接不大于 25%；环向筋直径 d 不小于 6@300，接头做弯钩；混凝土强度等级不小于 C20，钢筋为 HPB300、HRB335 等级。

5.4 水塔基础

支架式塔身基础可按钢筋混凝土的独立基础设计，可将支柱传来的剪力、弯矩、轴力简化于基础上，而后可设计基础的底面尺寸、基础的高度及基础配筋。

筒壁式塔身基础可按钢筋混凝土的环板基础和圆环基础设计（见相关参考书，本节从略）。

5.5 计算例题

【例 5.1】已知某水塔塔身由八柱支架做成，如图 5.20 所示。在水箱重心处，地震作用产生的水平力满载时为 $P_E = 200\text{kN}$，空载时为 $P_E = 120\text{kN}$；水箱传下重力满载时为 $W_0 = 3500\text{kN}$，空载时为 $W_0 = 1450\text{kN}$，支架自重 W_1（包括平台、管道、铁梯、栏杆等）为 800kN。

求底层支架立柱和 +5.00 标高处的横梁，在该组荷载 P_E、W_0、W_1 作用下的内力值。

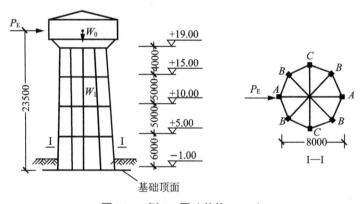

图 5.20　例 5.1 图（单位：mm）

解：（1）假定立柱截面设计成正方形柱，则基础顶面处（-1.00m）立柱在水平力作用下的弯矩值为

$$M（满载）= \frac{P_E}{n} \times \frac{2}{3} h_1 = \frac{200}{8} \times \frac{2}{3} \times 6 = 100(kN\cdot m)$$

$$M（空载）= \frac{P_E}{n} \times \frac{2}{3} h_1 = \frac{120}{8} \times \frac{2}{3} \times 6 = 60(kN\cdot m)$$

（2）由垂直荷载 W_0 及 W_1 所产生的轴力为

$$N_1（满载）= \frac{W_0 + W_1}{n} = \frac{3500 + 800}{8} = 537.5(kN)$$

$$N_1（空载）= \frac{W_0 + W_1}{n} = \frac{1450 + 800}{8} = 281.25(kN)$$

（3）由水平力 P_E 所产生的柱的轴力值为

$$N_2（满载）= \frac{P_E h}{4r} = \frac{200 \times (23.5 - 4)}{4 \times 4} = 243.75(kN)$$

$$N_2（空载）= \frac{P_E h}{4r} = \frac{120 \times (23.5 - 4)}{4 \times 4} = 146.3(kN)$$

（4）内力值计算。在截面（-1.00m）处得：

$$M（满载）= 100(kN\cdot m)，\quad N_{max} = 537.5 + 243.75 = 781.25(kN)$$

$$M（空载）= 60(kN\cdot m)，\quad N_{min} = 281.25 - 146.3 = 134.95(kN)$$

$$M_1 = \frac{P_E}{n} \times \frac{1}{3} h_1 = \frac{200}{8} \times \frac{1}{3} \times 6 = 50(kN\cdot m)$$

在横梁上立柱下端的弯矩值为

$$M_2 = \frac{P_E}{n} \times \frac{1}{2} h_2 = \frac{200}{8} \times \frac{1}{2} \times 5 = 62.5(kN\cdot m)$$

横梁端部弯矩值为

$$M = M_1 + M_2 = 50 + 62.5 = 112.5(kN)$$

本 章 小 结

本章介绍了平底式、英兹式及倒锥壳式水箱的组成，荷载计算及支架式、筒壁式塔身的计算方法；应重点掌握支架塔身的计算，理解筒壁式塔身的附加弯矩的形成，掌握支架的内力组合、内力分析和结构设计方法。此外，还应掌握支架塔身的节点的构造要求。

思 考 题

5.1 水箱有几类？组成水箱的构件的设计特点是什么？

5.2 塔身有几种？内力计算有什么特点？

习 题

已知某水塔塔身由八柱支架做成，如图 5.20 所示。在水箱重心处，地震作用产生的水平力满载时为 $P_E = 240kN$，空载时为 $P_E = 100kN$；水箱传下重力空载时为 $W_0 = 1500kN$；支架自重 W_1（包括平台、管道、铁梯、栏杆等）为 1000kN。求底层支架立柱和 +5.00 标高处的横梁，在该组荷载 P_E、W_0、W_1 作用下的内力值。

第6章 筒仓

本章教学要点

知识模块	掌握程度	知识要点
筒仓大的分类	了解	分类形式、分类规定、布置原则
贮料的计算	掌握	仓壁单位面积竖向力、仓壁单位面积水平力，漏斗斜向力、法向力
荷载的组合	重点掌握	水平作用及竖向作用的组合
浅仓仓壁的内力计算	重点掌握	平面内及平面外的内力：确定水平配筋的内力、竖向配筋的内力、仓壁高度的取值
深仓仓壁的内力计算	掌握	计算模型的建立，深梁的计算方法
漏斗壁的内力计算	重点掌握	平面内及平面外的内力：确定水平配筋的内力及倾斜钢筋内力计算方法，注意平面外弯矩的简化计算方法
截面设计	掌握	仓壁、漏斗壁：水平钢筋及竖向钢筋（倾斜）的受力构件形式的确定

本章技能要点

技能要点	掌握程度	应用方向
浅仓的梁高确定	掌握	仓壁平面内的内力计算
平面外的形式简化	掌握	仓壁、漏斗壁的内力计算
轴力和弯矩的组合	重点掌握	仓壁、漏斗壁构件配筋的计算

 导入案例

永昌环宇煤炭物流园项目，位于右玉县元堡子镇董半川东南方向，该工程由山西永昌环宇煤炭运销有限公司投资建设，中煤国际工程集团沈阳设计研究院设计，山西省第十地质工程勘察院勘测，山西中太工程建设监理公司监理，山西四建集团有限公司承建。该工程南北长284.537m，东西宽59m，工程占地面积126172.3m²，造价约1亿元，结构类型为筒体。直径为34m的原煤仓共三个，筒高54m，仓顶设有一层、局部二层框架结构，总高度68.3m；直径为25m的产品仓共四个，筒高49m，仓顶设有一层、局部二层框架结构，总高度64.4m。另有配套工程锅炉房、烟囱、35kW变电站、配电室、2#转载站、快速装车站、带式输送走廊组成的群体工业建筑。

该工程重点及难点如下。

（1）该筒仓工程具有高度大、直径大、体量大、工期短等特点，并且采用特大直径刚性滑模平台施工，烟囱采用提拉模施工，且缺乏施工经验，对相关项目部有很强的挑战性。

（2）该筒仓工程筏板基础工程量较大，原煤仓筏板基础厚度为 1.8m，梁高 2.3m，基础钢筋有 230t，基础混凝土 2500m³；产品仓筏板基础厚度为 1.5m，梁高 2.5/2.6m，基础钢筋有 210t，基础混凝土 1300m³。大体积混凝土工程的施工及裂缝控制是工程施工的难点。

（3）该工程筒仓数量多，工序穿插紧，塔吊布置交叉等施工组织难度大，如何合理安排施工工序，解决垂直运输和混凝土泵车流水浇筑，是工程施工的重点。

（4）预应力钢绞线在筒仓工程中的应用及其在滑模施工过程中的紧密穿插，也是该工程施工的难点。

（5）筒仓漏斗处施工异形结构高支模体系，锥壳处利用刚性滑模平台高支模体系及筒仓之间桁架平台高支模体系，是该工程施工的重点和难点。

煤炭物流园布置图

煤炭物流园筒仓

6.1 筒仓的类别及结构

1. 筒仓的类别

筒仓是指贮存散料的构筑物。

筒仓的类型很多，根据不同的原则可分类如下。

（1）筒仓按材料，分为钢筋混凝土筒仓、钢筒仓和砖砌筒仓。

（2）钢筋混凝土筒仓按浇筑形式，又可分为预制装配式及整体浇注式，预应力与非预应力筒仓。从经济、耐久性等方面考虑，工程上应用最广泛的是整体浇注的普通钢筋混凝土筒仓。

（3）筒仓按照平面形状，分为圆形、矩形、多边形等。目前应用最多的是圆形及矩形筒仓。

（4）我国《钢筋混凝土筒仓设计规范》（GB 50077—2003）根据筒仓高度与平面尺寸的关系，将筒仓分为浅仓和深仓两类（图 6.1）。

① 浅仓主要作为短期贮料用，由于在浅仓中所贮存的松散物体的自然坍塌线不与对面仓壁相交，一般不会形成料拱（图 6.2），因此可以自动卸料。

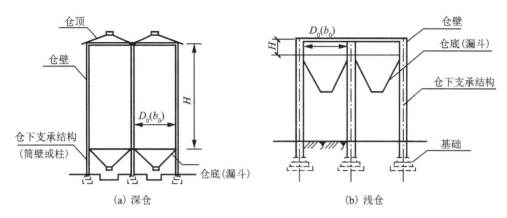

图 6.1 筒仓的形式

② 深仓中所贮存松散物体的自然坍塌线经常与对面立壁相交,形成料拱(图 6.3),引起卸料时堵塞,因此,从深仓中卸料需用动力设施或人力。深仓主要供长期贮料用。

图 6.2 浅仓的自然坍塌线

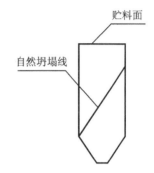

图 6.3 深仓的自然坍塌线

深仓和浅仓的划分界限如下:

① H/D_0(或 H/b_0)> 1.5 时为深仓;

② H/D_0(或 H/b_0)≤ 1.5 时为浅仓;

③ $H \leqslant b_0/2$ 时为低壁浅仓;

④ $H > b_0/2$ 时为高壁浅仓。

其中 H 为贮料计算高度,D_0 为圆形筒仓的内径,b_0 为矩形筒仓的短边长。

2. 筒仓的结构

筒仓由顶盖、仓壁、仓底(漏斗)、支撑及基础组成。有独立仓和群仓,其中群仓的构件可按多跨连续构件分别计算。

6.2 筒仓的布置原则

筒仓的平面根据工艺、地形、工程地质、施工条件、技术经济条件比较后而确定。钢筋混凝土筒仓的设置,在车间内部多为矩形,无特殊要求如露天则为圆形。

6.2.1 浅仓的布置

浅仓的布置，根据单仓容量及工艺要求，可设为独立仓、单排仓（单列）、多排仓（图 6.4）。

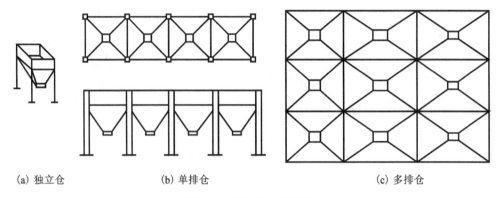

     (a) 独立仓   (b) 单排仓   (c) 多排仓

图 6.4　浅仓的布置形式

伸缩缝的设置：在壁外侧相切的圆形群仓长度超过 50m 时，或柱子支承的矩形群仓总长超过 36m 时设置。仓壁厚度，圆形为

$$t_1 = D_0/100 + (80 \sim 100) \tag{6.1}$$

式中：D_0——内径。

仓壁厚度矩形为 $t_1 = (1/20 \sim 1/30) b_0$（或 a_0）。矩形浅仓按尺寸可划分为（图 6.5）：漏斗仓（$H=0$）；低壁浅仓（$H<0.5b_0$）；高壁浅仓（$0.5b_0 \leqslant H \leqslant 1.5b_0$）；槽形浅仓（$H \leqslant 0.5a_0$）。

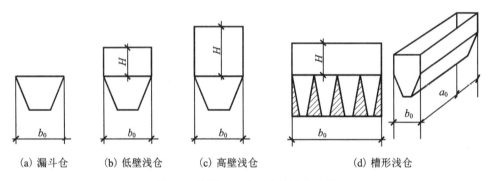

    (a) 漏斗仓   (b) 低壁浅仓   (c) 高壁浅仓   (d) 槽形浅仓

图 6.5　按竖壁尺寸划分的浅仓形式

6.2.2 深仓的布置

深仓是适用于长期贮存散料的构筑物，其形式有圆形、矩形两种。圆形传力明确，计算构造简单，仓内死料少，有效贮存率高，经济效果明显，易于采用滑模施工。矩形形状规则，便于利用地形，施工工艺简单。

圆形群仓的连接方式，有外圆相切及中心线相切两种。外圆相切便于配筋及施工，对于直径大于 18m 的群仓，可以防止地基不均匀沉降，故工程中大多采用外圆相切形式。

为了定型化及提高设计利用率，水浴直径 $D \leqslant 12\text{m}$ 时采用 2m 的模数，$D > 12\text{m}$ 时采用 3m 的模数。

群仓的仓体一般不大于 48m，最大不超过 60m，否则需要设伸缩缝。圆形仓的伸缩缝除岩石地基外宜做贯通式，将基础断开，既应符合沉降要求又要符合抗震要求。

宜设伸缩缝的情况如下：

(1) 在毗邻建筑物或构筑物与仓壁之间；

(2) 地基土的压缩性有明显差异处。

沉降缝的宽度应确保基础在倾斜时，防止缝两侧的筒仓或其他建筑物内倾而相互挤压。当筒仓与筒仓之间或筒仓与邻近建筑物或构筑物之间隔开一定距离，因工艺要求又必须相互连接时，其连接结构应采用能够自由沉降且有足够支承长度的简支结构，也可以采用悬臂结构。筒仓临近处不宜设置堆料场，当必须设置时，应考虑堆料对筒仓产生的不均匀沉降的影响，限制筒仓的倾斜率在允许值范围内，或采取防止地基下沉产生不均匀沉降的措施。

筒仓的厚度选择同浅仓。

深仓的组成，包括仓上建筑物、仓顶、仓壁、仓底、仓下支承结构及基础。

1. 仓上建筑物

当圆形筒仓直径达 10m 以上时，仓顶不宜设两层以上的多层厂房，必须设置时，宜采用等厚仓壁的圆形壁到顶，采用框架时仓壁顶应设置环梁，柱支承在环梁上，柱下设置连系梁。

2. 仓顶

仓顶直径不大于 12m 时，宜采用梁板结构；大于 12m 时，可采用梁板结构也可采用壳体结构，以减少结构内力。

3. 仓壁

仓壁采用现浇钢筋混凝土结构，滑模工艺。仓壁形式的合理性，直接决定了材料利用的合理性、滑模的连续性与贮料卸料的畅通性。圆形筒仓可采用预应力混凝土结构。

4. 仓底

仓底是直接承受贮料压力的漏斗平板（梁）加填料漏斗等的结构。

仓底的选择原则：

(1) 卸料畅通；

(2) 荷载传力明确，受力合理；

(3) 造型简单，施工方便；

(4) 填料较少。

漏斗常用的形式有锥形及钢锥形。锥形漏斗与仓壁整体连接，整体性好，计算复杂，不便于滑模施工；钢锥形漏斗与仓壁铰接计算简便，施工方便。

5. 仓下支承结构

仓下支承结构常见的包括柱下支承、筒壁支承、筒壁与内柱共同支承。当直径大于 10m 时，宜采用筒壁加内柱支承，通常采用柱下支承。

6. 基础

基础采用根据荷载大小、地基条件、上部结构形式综合分析确定。圆形筒仓采用筏基或桩基；地质条件好，承载力大时，采用环形基础或单独基础。

6.3 筒仓的荷载及效应组合

6.3.1 荷载分类及效应组合

作用在筒仓上的主要荷载如下。

(1) 恒载：包括结构自重等。

(2) 可变荷载：包括贮料荷载、楼面和屋面活载、积灰荷载、仓外堆积荷载、风荷载等。

(3) 地震作用：根据《建筑结构荷载规范》和《建筑抗震设计规范》进行计算。

计算地震作用及自振周期时，取贮料总重的 80% 作为有效重力，其重心可取贮料总重重心。

计算仓下结构和基础时，根据使用中可能同时出现的荷载进行组合，取不利者进行设计，荷载取值应符合下列规定。

(1) 恒载与活载取全部。

(2) 与地震作用组合时，恒载取全部，贮料取总重的 90%，雪载取 50%，风载不考虑。

(3) 楼面活载按均布荷载考虑时，取 50% ～ 70%；按实际情况考虑时取全部，不再另乘以折减系数。

6.3.2 贮料压力的计算

1. 贮料计算高度的取值（图 6.6）

(1) 上端：当贮料顶面水平时，取贮料顶面；当顶面为斜坡时，取至贮料锥形重心。

(2) 下端：当仓底为钢筋混凝土或钢锥形漏斗时，取至漏斗顶面；当仓底为填料做成的漏斗时，取至填料表面与仓壁内表面交线的最低点；当仓底为平板无填料时，取至仓底顶面。

2. 深仓的贮料压力

1）詹森（Janssen）法

下面以詹森法计算贮料在静态时的竖向压力 p_s' 和水平压力 p_h'（图 6.7、图 6.8）。

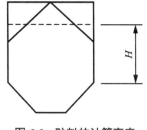

图 6.6 贮料的计算高度

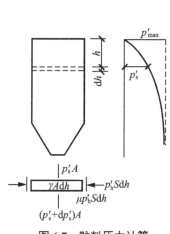

图 6.7 贮料压力计算

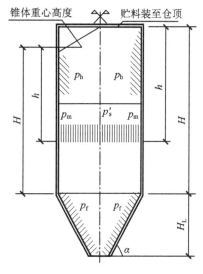

图 6.8 仓壁水平压力

（1）受力分析。

在深仓高度 h 处，取 $\mathrm{d}h$ 层为微元体分析，其上作用下列各力（设应力均匀分布，深仓截面面积为 A，周长为 S，如图 6.7 所示）：

①上料层向下垂直压力 $V_{\mathrm{F}} = p_{\mathrm{s}}' A$；

②下料层向上的垂直反力 $R = p_{\mathrm{s}}' A + \mathrm{d}p_{\mathrm{s}}' A$；

③ $\mathrm{d}h$ 层料的自重 $G_{\mathrm{i}} = \gamma A \mathrm{d}h$；

④深仓侧壁水平反力 $T_{\mathrm{i}} = p_{\mathrm{h}}' S \mathrm{d}h$；

⑤深仓侧壁竖向摩擦力 $N_{\mathrm{i}} = \mu p_{\mathrm{h}}' S \mathrm{d}h$（$\mu$ 为壁身与贮料之间的摩擦系数）。

（2）平衡方程。

由平衡条件可得：

$$\gamma A \mathrm{d}h = A \mathrm{d}p_{\mathrm{s}}' + \mu p_{\mathrm{h}}' S \mathrm{d}h$$

则有

$$\mathrm{d}h = \dfrac{\mathrm{d}p_{\mathrm{s}}'}{\gamma - \dfrac{\mu p_{\mathrm{h}}' S}{A}}$$

根据土压力理论可知：

$$p_{\mathrm{h}}' / p_{\mathrm{s}}' = k = \tan^2\left(45° - \dfrac{\varphi}{2}\right)$$

式中：k——侧压力系数；

φ——贮料的内摩擦角。

所以有

$$\mathrm{d}h = \dfrac{\mathrm{d}p_{\mathrm{s}}'}{\gamma - \dfrac{\mu S k \cdot p_{\mathrm{s}}'}{A}}$$

积分得：

$$p'_s = \frac{\gamma A}{\mu S k}\left(1-e^{-hS\mu k/A}\right) \tag{6.2}$$

令 $\rho=\dfrac{A}{S}$，其物理意义为深仓水平净截面的水力半径。对圆形仓，$\rho=\dfrac{D_0}{4}$；对于正方形仓，$\rho=\dfrac{b_0}{4}$。

从而可得：

$$p'_s = \frac{\gamma\rho}{\mu k}\left(1-e^{-h\mu k/\rho}\right)$$

又据 $\dfrac{p'_h}{p'_s}=k$，则有

$$p'_h = \frac{\gamma\rho}{\mu}\left(1-e^{-h\mu k/\rho}\right) \tag{6.3}$$

2）贮料的竖向压力 p_s

考虑料拱的崩塌及贮料处于流动状态时的不利因素，按静态计算的 p'_s 应乘以放大系数 C_s，即

$$p_s = C_s p'_s$$

式中：C_s——深仓贮料竖向压力修正系数可查表 6.1。

故可得

$$p_s = \frac{\gamma\rho C_s}{\mu k}\left(1-e^{-h\mu k/\rho}\right) \tag{6.4}$$

表 6.1　深仓贮料竖向压力的修正系数 C_h 及 C_s

筒仓部位	修正系数	修正系数各部位取值及相关图形		说明
仓壁（H）	C_h			（1）当 $H/D_0 > 3$ 时，C_h 值应乘以系数 1.1； （2）对于流动性较差的散料或有实践经验时，下部 $2H/3$ 的 C_h 值可乘以系数 0.9
仓底（H_1）	C_s	混凝土漏斗	1.0，1.4	（1）对粮食筒仓为 1.0； （2）其他筒仓可取 1.4
		钢漏斗	1.3，2.0	（1）对粮食筒仓为 1.3； （2）其他筒仓可取 2.0
		平板填料	1.0，1.4	（1）对粮食筒仓或填料厚度大于 1.5m 的其他筒仓取 1.0； （2）对无填料的其他筒仓取 1.4

3）贮料的水平压力 p_h

同样考虑到贮料处于流动状态时水平压力增大以及在使用过程中可能会出现的各种不利因素，使仓壁及截面均呈不均匀状态，计算 p_h 时应乘以修正系数 C_h（查表 6.1）：

$$p_{\mathrm{h}} = C_{\mathrm{h}} p_{\mathrm{h}}' = \frac{\gamma \rho C_{\mathrm{h}}}{\mu k}(1 - \mathrm{e}^{-\mu k h / \rho}) \tag{6.5}$$

4）偏心卸料时的贮料压力

偏心卸料时，贮料压力的不利影响实质上仍属于压力不均匀分布问题，但目前国内外对此都缺乏深入研究。常用的处理方法如下。

（1）$\dfrac{H}{D_0} < 1.5$ 或偏心距 $e_0 < 0.2R$ 时，可不考虑偏心卸料的影响。e_0 为卸料口中心与筒仓中心的偏心距，$R = \dfrac{D_0}{2}$。

（2）偏心卸料时，仓底处压力增值按下式确定：

$$\Delta p_{\mathrm{h}} = 0.25 \frac{e_0}{R} p_{\mathrm{h}}'$$

（3）在仓壁下部 $H/3$ 高度范围内，Δp_{h} 为常数。

（4）假设增值 Δp_{h} 沿圆周均匀分布。

5）竖向摩擦力 p_{m}

在深度 h 以上，贮料作用于仓壁单位周长上总的竖向摩擦力为

$$p_{\mathrm{m}} S = \gamma h A - p_{\mathrm{s}}' A$$

则有

$$p_{\mathrm{m}} = (\gamma h - p_{\mathrm{s}}') \frac{A}{S} = (\gamma h - p_{\mathrm{s}}') \rho \tag{6.6}$$

3. 浅仓的贮料压力

（1）贮料的竖向压力 p_{s}。贮料顶面以下 h 深度处（图 6.9），单位面积的竖向压力为

$$p_{\mathrm{s}} = \gamma h \tag{6.7}$$

当由卡车、火车等将散料瞬间直接卸入浅仓时，应考虑冲切影响，乘以相应的冲击系数。

（2）贮料的水平压力 p_{h}。贮料顶面以下 h 深度处（图 6.9），作用于仓壁单位面积上的水平压力为

$$p_{\mathrm{h}} = k \gamma h \tag{6.8}$$

式中：k——侧压力系数。

规范规定：当圆形浅仓贮料计算高度 $H \geqslant 18\mathrm{m}$ 且直径 $D_0 \geqslant 15\mathrm{m}$ 时，还需按深仓计算其贮料压力，二者取较大值。

4. 漏斗壁上的贮料压力

（1）贮料顶面以下深度 h 处，作用于漏斗壁单位面积上的法向压力 p_{f} 可根据平衡方程得到，如图 6.10 所示。其值为

$$p_{\mathrm{f}} = p_{\mathrm{s}} \cos^2 \alpha + p_{\mathrm{h}} \sin^2 \alpha \tag{6.9}$$

式中：p_{s}——贮料作用于仓底的竖向压力；

α——漏斗壁与水平面的夹角。

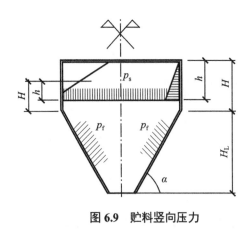

图 6.9 贮料竖向压力

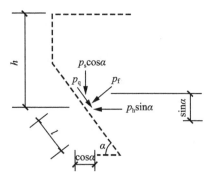

图 6.10 漏斗壁上的贮料压力

(2)贮料顶面以下深度 h 处，作用于漏斗壁单位面积上的切向力为

$$p_q = p_s \cos\alpha \sin\alpha - p_h \sin\alpha \cos\alpha = p_s(1-k)\sin\alpha \cos\alpha \tag{6.10}$$

6.4 筒仓结构计算

6.4.1 一般规定

(1)筒仓应在使用条件下进行如下的计算和验算：强度计算时，筒仓的组成构件可按薄壁构件计算。在贮料及其他荷载的作用下，应进行水平及竖向控制截面的强度计算；除仓顶、仓壁、仓底筒壁外，其他应按非薄壁构件计算。

(2)变形计算：通常情况下，在仓顶、仓壁、仓底的壁厚满足规范要求的情况下可不必做变形验算。特殊要求情况下，可对仓顶、仓底梁进行变形验算。

(3)裂缝宽度验算：

①仓壁、仓底应进行裂缝宽度验算，宽度限制值为 0.2mm；

②筒仓基础边缘的最小压应力应大于等于零，否则应验算基础的整体抗倾覆的稳定性。

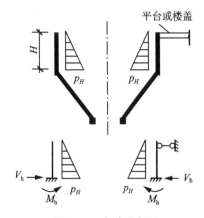

图 6.11 仓壁受力图

6.4.2 浅仓的计算

1. 低壁浅仓的计算

1)仓壁垂直方向弯矩计算（图 6.11）

(1)顶端自由时：

$$\left. \begin{array}{l} M_h = \dfrac{1}{6} p_H H^2 \\[2mm] V_h = \dfrac{1}{2} p_H H \end{array} \right\} \tag{6.11}$$

（2）顶端有平台或楼盖时（铰支）：

$$\left.\begin{array}{l} M_h = \dfrac{1}{6}p_H H^2 \\[2mm] V_h = \dfrac{1}{2}p_H H \end{array}\right\} \tag{6.12}$$

2）仓壁平面内水平和竖向拉力计算

（1）水平拉力计算。

仓壁水平拉力由底部反力即 V_h 反向作用于仓壁而产生，该拉力假定集中于仓壁与漏斗斜壁交接处（图 6.12）。

$$\left.\begin{array}{l} N_{ha} = \dfrac{V_h b_0}{2} \\[2mm] N_{hb} = \dfrac{V_h a_0}{2} \end{array}\right\} \tag{6.13}$$

（2）竖向拉力计算。

在仓壁底部交接处，由漏斗壁传来的单位宽度上的竖向拉力（图 6.13）按下式计算：

$$N_v = \dfrac{W_1}{2(a+b)} \tag{6.14}$$

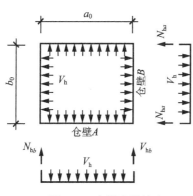

图 6.12　仓壁水平拉力

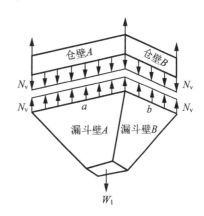

图 6.13　仓壁竖向拉力

仓壁的竖向配筋可由 N_v 及 M_h 组合得出，按偏拉构件计算其配筋。配筋直径不小于 8mm，箍筋间距为 70～200mm。

3）仓壁平面内弯曲计算

（1）单仓仓壁按简支梁计算。可取梁高 h 为仓壁的高度 H 加 0.4 倍仓壁长度 a 或 b（竖直投影），如图 6.14 所示。

则仓壁最大内力如下：

$$\left.\begin{array}{l} M_a = \dfrac{1}{8}(N_v + q)a^2 \\[2mm] M_b = \dfrac{1}{8}(N_v + q)b^2 \end{array}\right\} \tag{6.15}$$

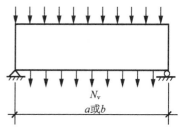

图 6.14　仓壁平面内弯曲计算简图

$$\sigma_M = \frac{M}{W}$$

仓壁水平钢筋配置，是根据平面内弯曲产生的 σ_M 及相邻壁板对本壁板产生的 σ_N 叠加来考虑。

水平配筋要求为：仓壁底部至少配两根直径 $20 \sim 25\text{mm}$ 的钢筋，仓壁上部的配筋直径 d 不小于 8mm，箍筋间距为 $70 \sim 200\text{mm}$。

（2）浅仓成列布置时，仓壁要按连续梁计算。

4）漏斗壁计算

（1）漏斗壁的水平拉力。

受力分析如图 6.15 所示，根据力的平衡关系有

$$2N_{ha}\frac{\sin\alpha_b}{\sin\alpha_a} = (p_{fb} + q_b\cos\alpha_b)b_{0l}\sin\alpha_b$$

则有

$$\left.\begin{aligned} N_{ha} &= (p_{fb} + q_b\cos\alpha_b)\frac{b_{0l}}{2}\sin\alpha_a \\ N_{hb} &= (p_{fa} + q_a\cos\alpha_a)\frac{a_{0l}}{2}\sin\alpha_b \end{aligned}\right\} \tag{6.16}$$

式中：p_{fa}、p_{fb}——计算截面处贮料作用于漏斗壁 A、B 上的法向压力；

q_a、q_b——漏斗壁 A、B 单位面积自重。

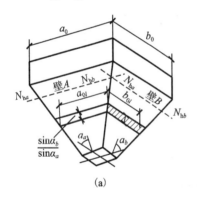
(a)

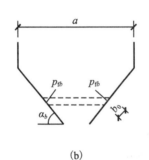
(b)

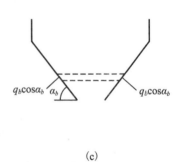
(c)

图 6.15 漏斗壁水平拉力计算图

（2）漏斗壁上的斜向拉力计算（图 6.16）。

计算公式为

$$\left.\begin{aligned} N_{xa} &= \frac{W_2}{2(a_l + b_l)\sin\alpha_a} \\ N_{xb} &= \frac{W_2}{2(a_l + b_l)\sin\alpha_b} \end{aligned}\right\} \tag{6.17}$$

角边处的斜向拉力为

$$N_{xj} = \frac{C}{2}(N_{xa} + N_{xb}) \tag{6.18}$$

图 6.16 漏斗壁斜向拉力计算图

角肋处斜向拉力最大，需配加强筋。C 为荷载分项系数，可由相关曲线查得。

（3）漏斗壁平面外弯矩计算（图 6.17）。

①当 $\dfrac{a_l}{a} < 0.25$ 时，按三角形计算弯矩。

$$l_x = a, \quad l_y = \frac{H_l}{\sin \alpha_a} \times \frac{a}{a - a_l}$$

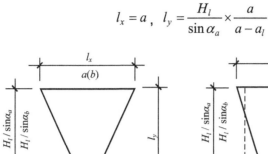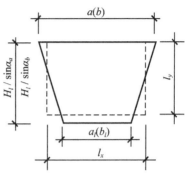

（a）梯形板换算为三角形板　　　　　　（b）梯形板换算为矩形板

图 6.17　弯矩计算图示

②当 $0.25 < \dfrac{a_l}{a} < 0.5$ 时，按梯形板计算弯矩值。

③其他情况可换算成矩形板计算弯矩值。

$$l_x = \frac{2}{3}a\left(\frac{2a_l + a}{a_l + a}\right), \quad l_y = \frac{H_l}{\sin \alpha_a} - \frac{1}{6}a\left(\frac{a - a_l}{a + a_l}\right)$$

（4）漏斗配筋计算。

水平方向可由水平拉力和该方向的平面外弯矩 M 组合，按偏拉构件计算后进行配筋。斜向可由斜向拉力和该方向的平面外弯矩 M 组合，按偏拉构件计算后进行配筋。

2. 高壁浅仓的计算

当仓壁高度满足 $0.5 \leqslant H/b_0 < 1.5$（$b_0$ 为短边内侧尺寸）时，称为高壁浅仓（图 6.18）。其仓体上的贮料压力计算和漏斗壁计算与低壁浅仓相同，而仓壁计算则不同于低壁浅仓。

高壁浅仓仓壁的计算如下。

（1）仓壁平面外弯矩计算：宜按双向板计算。

①仓壁与仓壁、仓壁与斗壁相交处，按固定端考虑。仓壁顶按自由端考虑，有平台、楼盖时按铰接考虑。

②仓壁交接处的棱边弯矩的处理：一般按较大的弯矩来取值计算；但相差大于 20% 时，取平均值。

（2）仓壁任意深度处的水平拉力（图 6.19）：

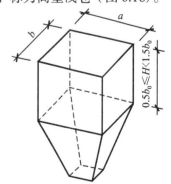

图 6.18　高壁浅仓

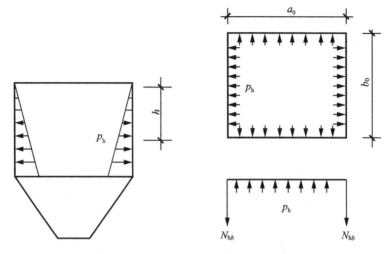

图 6.19　高壁浅仓仓壁水平拉力计算图

$$\left.\begin{aligned} N_{\mathrm{h}a} &= \frac{p_{\mathrm{h}}b_0}{2} \\ N_{\mathrm{h}b} &= \frac{p_{\mathrm{h}}a_0}{2} \end{aligned}\right\} \tag{6.19}$$

（3）仓壁的竖向拉力：

$$N_{\mathrm{v}a} = N_{\mathrm{v}b} = \frac{G_1}{2(a+b)} \tag{6.20}$$

（4）仓壁的平面内弯矩。因高壁浅仓比低壁浅仓刚度大，故计算平面内弯矩时可以忽略漏斗壁的作用。

顶部荷载 q_1：为上料平台荷载及仓壁自重之半。

下部荷载 q_2：为贮料重及其他部分结构自重和仓壁自重之半。

$b/h < 2$ 时，按深梁计算，可以利用查表法进行计算。在 q_1 及 q_2 作用下，某点处的应力系数为 δ_{x1}，δ_{y1}，τ_{xy1}；δ_{x2}，δ_{y2}，τ_{xy2}。

该点处的应力为

$$\delta_x = \delta_{x1}q_1 + \delta_{x2}q_2$$
$$\delta_y = \delta_{y1}q_1 + \delta_{y2}q_2$$
$$\tau_{xy} = \tau_{xy1}q_1 + \tau_{xy2}q_2$$

则沿 x 方向的总应力为

$$\delta_x' = \delta_x + \delta_{x\mathrm{r}} \tag{6.21}$$

式中：$\delta_{x\mathrm{r}}$——贮料水平压力产生的水平拉力。

沿 y 方向的总应力为

$$\delta_y' = \delta_y \tag{6.22}$$

剪应力为

$$\tau_{xy}' = \tau_{xy} \tag{6.23}$$

故该点处的主拉应力为

$$\sigma_0 = \frac{1}{2}(\sigma_x + \sigma_y) + \sqrt{(\sigma_x - \sigma_y)^2 + 4\tau_{xy}^2}$$

主拉应力与坐标轴方向角为

$$\tan 2\theta = -\frac{2\tau_{xy}}{\sigma_x - \sigma_y}$$

主拉应力产生的水平分量为

$$N_{0x} = \sigma_0 \cos\theta$$

主拉应力产生的竖直分量为

$$N_{0y} = \sigma_0 \sin\theta$$

将 N_{0x}、N_{0y} 乘以相应方向单位长度的面积，可得到水平及竖直单位长度的拉力（压力），加上平面外 M_x 或 M_y，按偏拉（压）构件计算，可求得仓壁水平和竖向配筋。

3. 漏斗仓的计算

漏斗仓特点：无竖壁，有边梁（贮料压力、水平和斜向拉力、平面外弯矩同低壁浅仓计算），如图 6.20 所示。

1）漏斗壁的平面内弯矩

（1）由贮料重及漏斗自重在漏斗壁 A、B 平面内的折算荷载如下：

$$\left. \begin{array}{l} N_{xa} = \dfrac{W_1}{2(a+b)\sin\alpha_a} \\[3mm] N_{xb} = \dfrac{W_1}{2(a+b)\sin\alpha_b} \end{array} \right\} \tag{6.24}$$

（2）按三角形深梁计算，高度取 $h=a/2(b/2)$，不足 1/2 时按实际取值，如图 6.21 所示。

图 6.20 漏斗仓的组成

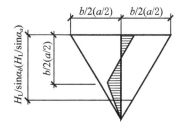

图 6.21 漏斗平面内弯矩计算简图

（3）漏斗壁平面内的跨中弯矩计算：

$$\left. \begin{array}{l} M_a = \dfrac{1}{8}N_{sa}a^2 \\[3mm] M_b = \dfrac{1}{8}N_{sb}b^2 \end{array} \right\} \tag{6.25}$$

平面内弯曲应力：

$$\delta = \frac{M_{a(b)}}{W_{a(b)}} \tag{6.26}$$

用总的水平拉力和平面外弯矩组合，按偏拉构件计算漏斗的倾斜配筋面积。

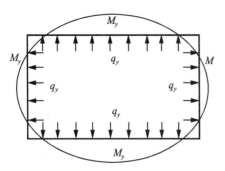

图 6.22 封闭框架平面外弯矩示意图

2）边梁的计算

边梁在荷载作用下，有轴向力 N、平面内弯矩 M_x、平面外弯矩 M_y 等（图 6.22）。

当漏斗仓顶部无平台时，边梁在漏斗壁作用下产生斜向弯曲，同时边梁内还产生压力，因此边梁需按斜偏心受压构件计算配筋。

假定四角有柱支承：

$$R = W_1 / 4$$

（1）边梁中的轴压力按下式计算（图 6.23）：

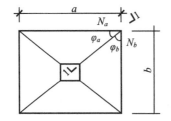
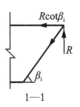

图 6.23 漏斗仓角部内力

$$\left.\begin{aligned} N_a &= R \cot \beta_i \times \cos \varphi_a \\ N_b &= R \cot \beta_i \times \cos \varphi_b \end{aligned}\right\} \tag{6.27}$$

（2）斜向弯曲计算。

平面内弯曲：边梁在平台荷载、自重、斗壁重等作用下竖向弯曲，按简支梁计算，见平面内计算公式。

平面外弯曲：边梁在斗壁自重作用下在水平面内弯曲，其弯矩按封闭框架计算。故边梁为双向受压弯曲构件。

6.4.3 深仓的计算

深仓可分为矩形和圆形两种。矩形筒仓计算同浅仓，可按平面体系计算平面内水平竖向拉力及平面内外产生的弯曲内力。

圆形筒仓的仓壁是相连的，在计算时可以不计相互影响，按单个深仓计算。本节就圆形深仓的内力及截面设计进行讨论。

圆形筒仓各壳体结构按薄膜理论计算，结构之间整体连接时，可考虑边缘效应。

（1）仓壁的内力分析及截面设计。深仓的圆柱壳壁在贮料的水平压力 p_b 作用下，可按无弯矩理论计算，其仓壁的环向拉力垂直荷载作用产生竖向压力。

①在距离仓壁顶深度为 h 处的环向拉力为

$$N_\theta = \frac{p_b D}{2} \tag{6.28}$$

式中：p_b——距仓顶 h 深度处的贮料水平压力；

　　D——仓壁直径。

②任意截面处仓壁竖向压力为

$$N_{s1} = \frac{G}{\pi D} \tag{6.29}$$

贮料自重作用下的竖向摩擦力所产生的单位周长上的竖向压力为

$$N_{s2} = \frac{D}{4}(\gamma h - p_s') \tag{6.30}$$

式中：G——计算截面以上的全部仓顶重及结构自重；

　　p_s'——贮料静态竖向压力。

进行截面设计时，可按轴拉构件计算环向配筋，竖向钢筋可按构造配筋，仓壁按轴拉构件进行裂缝宽度验算。

（2）仓底的内力计算可参照倒锥壳式水箱内力公式。其径向及环向的拉力求出后，可按轴拉构件进行配筋计算。

（3）仓顶的内力计算可参照倒锥壳式水箱箱顶内力公式。其径向及环向的轴力求出后，可按轴拉（压）构件进行配筋计算。

6.5　筒仓构造

1. 圆形筒仓仓壁和筒壁

仓壁及筒壁的最小厚度不宜低于 150mm。较小的仓壁可配单层钢筋，当直径大于等于 6m 时宜配双层钢筋。钢筋直径宜大于 8mm，间距不大于 200mm。接头宜焊接，搭接时长度不宜小于 50 倍的直径。接头位置应错开。仓壁的最小配筋率不小于 0.3%，筒壁的配筋率不小于 0.25%。

2. 矩形筒仓仓壁

仓壁厚度不宜小于 150mm，浅仓壁底不宜小于 2 φ20 ～ 25mm。漏斗四角加腋角，四角即吊挂钢筋骨。

3. 洞口

仓壁上开洞口时，宽度和高度不宜大于 1m，洞口四周需加附加钢筋，具体加设应按钢筋混凝土相关规范进行。

4. 漏斗

漏斗厚度不宜小于 120mm，受力筋直径不应小于 8mm，间距不应大于 200mm。宜采用双层钢筋，配筋率大于 0.3%。宜采用分离式配筋，锚固长度大于 50d。仓壁及仓底受贮料冲击，需加内衬。

5. 柱和环梁

参照钢筋混凝土相关规范进行设计。

6. 抗震构造措施

柱支承的筒仓倒塌比例较高，柱头易发生破坏，故需对最小配筋率做出要求，如表 6.2 所列。

表 6.2　仓下支承柱最小纵向配筋率 ρ_{min}

设计烈度	中柱、边柱	角柱
7度、8度	0.7%	0.9%
9度	0.9%	1.1%

柱与仓壁交接处以下部位、与基础交接处以上部位需加密箍筋，长度为柱长边及 1/6 柱净高，且不小于 1m，箍筋间距为 100mm，设防烈度 7 度、8 度时直径为 8mm，9 度时直径不小于 10mm。筒壁应双层配筋，配筋率大于 0.4%。

6.6　计算例题

1. 计算资料

计算简图如图 6.24 所示。法向压力分布如图 6.25 所示。

贮料：铁矿石 $\gamma=20kN/m^3$，$\varphi=40°$。

漏斗口阀门：15kN/ 个。

顶部平台荷载：35kN/m。

材料：混凝土 C25 级。钢筋 HPB300、HRB335 级钢筋，设仓壁、漏斗壁厚均为 200mm。

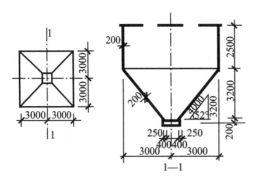

图 6.24　矩形浅仓几何尺寸（单位：mm）

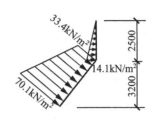

图 6.25　法向压力分布图（单位：mm）

2. 贮料压力计算

本例 $H/b_0 = \dfrac{2.5}{5.8} = 0.431 < 0.5$，属于低壁浅仓。

矿石侧压力系数为

$$k = \tan^2\left(45° - \frac{40}{2}\right) = 0.217$$

仓壁下端水平压力为

$$p_N = 0.217 \times 1.3 \times 20 \times 2.5 = 14.1 (\text{kN/m}^2)$$

式中：1.3——贮料荷载分项系数。

漏斗壁上端法向压力为

$$p_{f1} = 1.3 \times 20 \times 2.5 \times (\cos^2 52° + 0.217 \times \sin^2 52°) = 33.4\ (\text{kN/m}^2)$$

漏斗壁下端法向压力为

$$p_{f2} = 1.3 \times 20 \times 5.7 \times (\cos^2 52° + 0.217 \times \sin^2 52°) = 76.1\ (\text{kN/m}^2)$$

贮料总重为

$$G = 1.0 \times 2.0 \times \left\{ 5.8 \times 5.8 \times 2.5 + \frac{3.2}{6} \times \left[5.8^2 + (5.8 + 0.8)^2 + 0.8^2 \right] \right\} = 2512 (\text{kN})$$

贮料荷载分项系数与充盈系数综合考虑取 1.0。

3. 内力计算

1）拉力计算

（1）仓壁水平拉力。

仓壁顶部有平台，仓壁按一端简支、一端固定的单向板计算，拉力即板的反力，作用在仓壁与漏斗壁交接处。该水平拉力为

$$N_{ha} = \frac{2}{5} \times 14.1 \times 2.5 \times \frac{5.8}{2} = 40.9 (\text{kN/m})$$

（2）漏斗壁水平拉力。

上部为

$$N_{ha1} = (33.4 + 1.2 \times 25 \times 0.2 \times \cos 52°) \times \frac{5.8}{2} \times \sin 52° = 84.8\ (\text{kN/m})$$

中部为

$$N_{ha2} = \left(\frac{33.4 + 76.1}{2} + 1.2 \times 25 \times 0.2 \times \cos 52° \right) \times \frac{5.8 + 0.8}{2 \times 2} \times \sin 52° = 76\ (\text{kN/m})$$

下部为

$$N_{ha3} = (76.1 + 1.2 \times 25 \times 0.2 \times \cos 52°) \times \frac{0.8}{2} \times \sin 52° = 25.2\ (\text{kN/m})$$

（3）仓壁下端竖向拉力。

贮料总重为

$$G = 2512\text{kN}$$

漏斗口阀门重为

$$G_1 = 15\text{kN}$$

漏斗及漏斗口边梁自重为

$$G_z = \frac{6+1.5}{2} \times 4.06 \times 0.2 \times 25 \times 1.2 \times 4 + 0.2 \times 1.05 \times 0.25 \times 4 \times 1.2 \times 25 = 350(\text{kN})$$

$$W_1 = G + G_1 + G_z = 2512 + 15 + 350 = 2877(\text{kN})$$

则仓壁下端竖向拉力为

$$N_v = \frac{2877}{2 \times (6+6)} = 120(\text{kN/m})$$

（4）漏斗壁斜向拉力。

顶部为

$$N_{xa} = \frac{120}{\sin 52°} = 152(\text{kN/m})$$

中部，图 6.26 中阴影部分贮料重为

$$G' = \left\{ 3.3^2 \times 4.1 + \frac{1.6}{6} \times \left[3.3^2 + (3.3+0.8)^2 + 0.8^2 \right] \right\} \times 20 \times 1.0 = 1044(\text{kN})$$

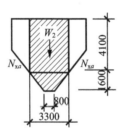

图 6.26　漏斗壁斜向拉力（单位：mm）

漏斗口阀门重为

$$G_1 = 15\text{kN}$$

图 6.26 中阴影部分漏斗及漏斗口边梁自重为

$$G_z' = \frac{3.55+1.05}{2} \times \frac{1.6}{\sin 52°} \times 0.2 \times 1.2 \times 25 \times 4 + 0.2 \times 1.05 \times 0.25 \times 4 \times 1.2 \times 25 = 118(\text{kN})$$

$$W_2 = G' + G_1 + G_z' = 1044 + 15 + 118 = 1177(\text{kN})$$

则漏斗壁斜向拉力为

$$N_{xa} = \frac{1177}{2 \times (3.55 + 3.55) \times \sin 52°} = 105(\text{kN/m})$$

（5）角肋骨架钢筋承受的斜向拉力。

$H/b = 2.5/6 = 0.417$，查 C 曲线图得 $C = 0.242$，故得该斜向拉力为

$$N_{xj} = \frac{0.242}{2} \times 152 \times 6 \times 2 = 221(kN)$$

2）平面外弯曲计算

（1）仓壁。

按下端固定、上端简支计算（图 6.27）：

$$M_b = -\frac{1}{15} \times 14.1 \times 2.5^2 = -5.88(kN \cdot m/m)$$

$$M_{max} = 0.0298 \times 14.1 \times 2.5^2 = 2.63(kN \cdot m/m)$$

M_{max} 位置距仓壁上端距离为 $0.447 \times 2.5 = 1.12(m)$。

（2）漏斗壁。

因 $a_1/a = \frac{0.8}{5.8} = 0.138 < 0.25$，故按三边固定的三角形板计算（图 6.28）。

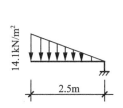

图 6.27　仓壁平面外弯曲简图

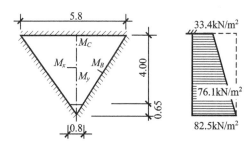

图 6.28　漏斗壁平面外弯矩图（单位：m）

$$l_x = 5.8m, \quad l_y = \frac{3.2}{\sin 52°} \times \frac{5.8}{5.8 - 0.8} = 4.71(m)$$

$$\frac{l_x}{l_y} = \frac{5.8}{4.71} = 1.23$$

三角形荷载为

$$q_1 = 82.9 - 33.4 = 49.5(kN/m^2)$$

矩形荷载为

$$q_2 = 82.9 kN/m^2$$

查《建筑结构设计手册——贮仓结构》中三边固定等腰三角形板计算表。

当三角形荷载时：

$$p = \frac{5.8 \times 4.71}{3} \times 49.5 = 451(kN)$$

当矩形荷载时：

$$p = \frac{5.8 \times 4.71}{2} \times 82.9 = 1132(kN)$$

相应弯矩为

$$M_x = 0.0182 \times 1132 - 0.0164 \times 451 = 13.2(\text{kN}\cdot\text{m/m})$$
$$M_y = 0.0172 \times 1132 - 0.0194 \times 451 = 10.7(\text{kN}\cdot\text{m/m})$$
$$M_B = -0.0297 \times 1132 + 0.029 \times 451 = -20.5(\text{kN}\cdot\text{m/m})$$
$$M_C = -0.0418 \times 1132 + 0.0466 \times 451 = -26.3(\text{kN}\cdot\text{m/m})$$

考虑仓壁和漏斗壁交接处弯矩的平衡。平衡后弯矩为

$$\frac{-5.88 - 26.3}{} = 16.1(\text{kN m/m})$$

修正后仓壁跨中弯矩为

$$-(16.1 - 5.88) \times \frac{1.12}{2.5} + 2.63 = -1.95(\text{kN}\cdot\text{m/m})$$

修正后漏斗壁斜向跨中弯矩为

$$-(26.3 - 16.1) \times \frac{1}{2} + 10.7 = 15.8(\text{kN}\cdot\text{m/m})$$

3）平面内弯曲计算

按简支梁计算。截面高度为筒仓仓壁高度与竖向投影为 0.4 倍跨度的漏斗壁高之和（图 6.29）。

仓壁自重为 $0.2 \times 2.5 \times 1.2 \times 25 = 15(\text{kN/m})$；

顶部平台传来荷载为 35kN/m；

漏斗壁自重为 $\dfrac{350}{4 \times 6} = 14.6(\text{kN/m})$；

仓壁底部竖向拉力为 $\dfrac{2512 + 12}{2 \times (6 + 6)} = 105(\text{kN/m})$；

合计为 169.6kN/m。

内力为

$$M = \frac{1}{8} \times 169.6 \times 6^2 = 763(\text{kN}\cdot\text{m})$$

$$V = \frac{1}{2} \times 169.6 \times 6 = 509(\text{kN})$$

跨中正截面正应力（图 6.30）：

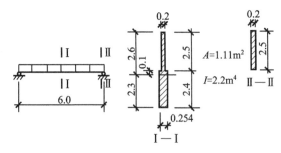

图 6.29 平面内弯曲计算图（单位：m）

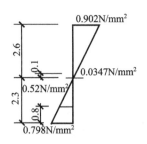

图 6.30 截面应力分布（单位：m）

下边缘拉应力为 $\dfrac{763}{2.2} \times 2.3 \text{kN/m}^2 = 798 \text{kN/m}^2 = 0.798 \text{N/mm}^2$ ；

上边缘拉应力为 $\dfrac{763}{2.2} \times 2.6 \text{kN/m}^2 = 902 \text{kN/m}^2 = 0.902 \text{N/mm}^2$ 。

4. 配筋计算

（1）仓壁。

仓壁底部靠近截面中和轴，忽略平面内弯曲产生的截面压应力，按底部水平拉力计算所需纵向钢筋。配筋面积为

$$A_s = \frac{N_{ha}}{f_y} = \frac{40.9 \times 10^3}{300} = 136.33 (\text{mm}^2)$$

按构造要求选用 $2\Phi20$，则 $A_s = 628 \text{mm}^2$。

仓壁所需箍筋抗剪能力为 $V = 509 \text{kN}$，则有

$$0.7 f_t b h_0 = 0.7 \times 1.27 \times 200 \times 2450 \text{N} = 4.36 \times 10^5 \text{N} = 436 \text{kN} < V$$

$$\frac{A_{sv1}}{s} = \frac{V - 0.7 f_t b h_0}{1.0 f_y n h_0} = \frac{509 \times 10^3 - 436 \times 10^3}{1.0 \times 300 \times 2 \times 2450} \text{mm}^2/\text{mm}$$

$$= 0.0496 \text{mm}^2/\text{mm} = 49.6 \text{mm}^2/\text{m}$$

由平面外弯曲和竖向拉力，按偏心受拉构件计算所需竖向配筋：

$$M = 16.1 \text{kN·m/m}, \quad N = 120 \text{kN}, \quad b = 1000 \text{mm}, \quad h = 200 \text{mm}, \quad a_s = a_s' = 30 \text{mm}$$

$$e_0 = \frac{M}{N_0} = \frac{16.1}{120} \text{m} = 0.134 \text{m} = 134 \text{mm} > 70 \text{mm}$$

属大偏拉构件。考虑到受压区设置的纵筋无专门防止压屈的措施，设计时取 $A_s' = 0$。则有

$$e = e_0 - \frac{h}{2} + a_s = 134 - \frac{200}{2} + 30 = 64 (\text{mm})$$

平衡方程为

$$120 \times 10^3 \times 64 = 11.9 \times 1000 \times x \left(170 - \frac{x}{2} \right)$$

解得 $x=3.83 \text{mm}$。

$$A_s = \frac{N + \alpha_1 f_c b x}{f_y} = \frac{120 \times 10^3 + 11.9 \times 1000 \times 3.83}{300} = 552 (\text{mm}^2/\text{m})$$

受压纵筋取最小配筋率，则有

$$A_s' = 0.002 \times 1000 \times 170 = 340 (\text{mm}^2)$$

竖向钢筋配置：

受拉区（内侧）A_s=42.6+552=594.6（mm^2/m），每米选用 $5\Phi12$，A_s=565mm^2/m；

受拉区（内侧）A_s=42.6+340=382.6（mm^2/m），每米选用 $5\Phi10$，A_s=393mm^2/m。

（2）漏斗壁。

水平向与斜向有水平拉力、斜向拉力和平面外弯曲，各自按偏心受拉构件计算配筋，结果如表 6.3 所列。

表 6.3　漏斗壁配筋表

类别	水平向				斜向			
	N/(kN/m)	M/(kN·/m/m)	A_s/(mm²/m)	选用/mm	N/(kN/m)	M/(kN·/m/m)	A_s/(mm²/m)	选用/mm
支座	226	20.5	870	Φ14/16@200	152	16.1	595	Φ12/14@200
跨中	188	13.2	645	Φ12/14@200	15.8	15.8	501	Φ12@200

水平拉力值由 N_{ha} 与仓壁平面内弯曲计算所得拉力叠加得到。

水平向跨中处：

$$N = 76 + 0.56 \times 200 = 188(\text{kN/m})$$

水平向支座截面距跨中 1.76m，相应平面内弯曲计算截面如图 6.31 所示。则有

$$M = 509 \times 1.24 - \frac{1}{2} \times 169.6 \times 1.24^2 = 501(\text{kN·m})$$

下边缘拉应力为

$$\frac{501}{1.29} \times 1.93\text{kN/m}^2 = 750\text{kN/m}^2 = 0.75\text{N/mm}^2$$

水平向支座处：

$$N = 76 + 0.75 \times 200 = 226(\text{kN/m})$$

（3）漏斗壁角肋骨架钢筋配筋面积为

$$A_s = \frac{N_{xj}}{f_y} = \frac{221 \times 1000^3}{300} = 736(\text{mm}^2)$$

（4）斗口环梁承受角肋骨架筋及斜壁传来的拉力，配置 6Φ12 水平筋。

（5）配筋草图如图 6.32 所示。

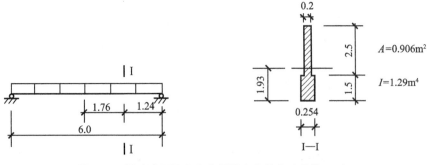

图 6.31　漏斗壁平面内弯曲截面应力分布（单位：m）

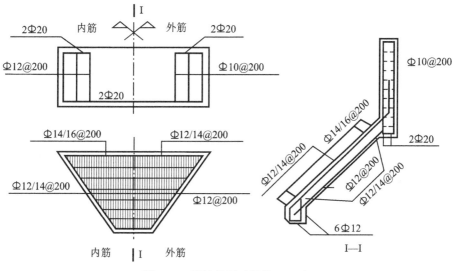

图 6.32　配筋草图（单位：mm）

本 章 小 结

　　本章介绍了筒仓的分类及形式，阐述了筒仓的设计原则，详细介绍了贮料的压力计算，在此基础上对低壁浅仓、漏斗仓高壁浅仓的结构、计算原理和方法作了详细论述，并给出了筒仓常用的基本构造要求。最后通过实例介绍了浅仓的计算过程。

思 考 题

　　6.1　浅仓与深仓是如何定义的？

　　6.2　何谓漏斗仓？漏斗仓的贮料压力如何计算？

　　6.3　浅仓仓壁的计算方法是怎样的？

习 题

　　计算简图如图 6.24 所示。贮料为煤炭，$\gamma=18\text{kN/m}^3$，$\varphi=35°$；漏斗口阀门 12kN/ 个；顶部平台荷载 30kN/m；材料用混凝土 C25 级，钢筋 HPB235、HRB335 级，设仓壁、漏斗壁厚均为 200mm。试设计计算该浅仓。

第**7**章
电 视 塔

本章教学要点

知识模块	掌握程度	知识要点
电视塔的材料	了解	混凝土、钢材、钢筋
设计基本原则	掌握	作用、两种极限状态
塔体的变形、内力	重点掌握	塔体变形和内力计算、钢筋混凝土塔筒承载内力计算、圆筒形塔的附加弯矩计算
塔楼的变形与内力计算	重点掌握	塔楼楼层在承重结构上的支承点和在塔楼上的支承点，其截面或应力突变处，均应进行局部验算
电视塔地基与基础计算	掌握	地基及基础的验算方法
构造要求	重点掌握	地基及基础相关规定，预应力混凝土及钢筋的规定

本章技能要点

技能要点	掌握程度	应用方向
内力公式的建立	重点掌握	塔体的变形、内力计算
局部验算方法	重点掌握	塔楼的变形与内力计算
极限状态	掌握	设计基本原则中应用

 导入案例

　　广州塔采用荷兰 IBA 事务所设计师马克·海默尔和芭芭拉·库伊特夫妇设计方案，于 2005 年 11 月奠基动工修建，于 2009 年 9 月完工。广州塔建筑面积 12.9 万 m^2，建设用地为 175458 m^2(17.5hm^2)。2010 年 10 月 1 日，广州塔正式对外营业。

　　广州塔建筑总高度 600m，其中主塔体高 450m，天线桅杆高 150m，具有结构超高、造型奇特、形体复杂、用钢量多的特点。它的外框筒由 24 根钢柱和 46 个钢椭圆环交叉构成，形成镂空、开放的独特美体，仿佛在三维空间中扭转变换。作为目前世界上建筑物腰身最细（最小处直径只有 30 多米）、施工难度最大的建筑，建设者们克服了前所未有的工程建筑难度，把一万多个倾斜并且大小规格全部不相同的钢构件，精确安装成挺拔高耸的建筑经典作品，并创造了一系列建筑上的"世界之最"。

　　广州塔以中国第一、世界第三的旅游观光塔的地位，向世人展示腾飞的广州挑战自我、面向世界的视野和气魄。广州塔屹立在广州城市新中轴线与珠江景观轴线交汇处，地处城市 CBD 中央商务区，与海心沙亚运公园和珠江新城隔江相望，以其独特的设计造型，将力量与艺术完美结合，展现了广州这座大城的雄心壮志和磅礴风采，成为新中轴线上的亮丽景观。

广州塔采用了当代最优秀工程设计和最新施工技术,依托其得天独厚的旅游资源,创造了488m摄影观景平台"Highest Observation Deck(世界最高户外观景平台)"和速降体验游乐项目"Highest Thrill Ride(世界最高惊险之旅)"两项吉尼斯世界纪录;凭借其显著的社会影响力,广州塔2011年加盟"世界高塔联盟",并于2013年成功创建国家AAAA级旅游景区。

广州塔鸟瞰图

7.1 电视塔概述

随着国民经济和建筑业的发展,混凝土电视塔在大中城市越建越多。它承担着广播电视节目发射和传递、旅游观光等任务,是城市的象征性建筑。电视塔的特点是高度大、横截面小,风荷载起主要作用,同时也要考虑自重的作用。因此结构选型应力求布置合理、受力明确、截面简单对称,以减少风荷载、合理用材,优化计算结构。其构造应力求传力明确,减少局部效应,使结构满足安全、使用、耐久的目的。

混凝土电视塔是塔体部分或全部由混凝土构成的电视塔,它的组成包括塔体、桅杆、塔基础等。塔基础顶面以上竖向布置的受力结构称为塔体;塔楼以上的塔体部分称为桅杆,主要用于安装发射天线,由混凝土和钢结构构成;塔体的中部或顶部的建筑由单层或多层空间组成,部分或全部挑出塔体外部的称为塔楼;塔体和地基间承受塔体各种作用的结构称为塔基础。

电视广播和电信事业在我国乃至全世界迅速发展。自20世纪50年代以来,国外兴建了大量各种类型的电视塔。德国早在1956年率先建成了斯图加特电视塔,高度为217m,以后又在汉堡、慕尼黑等地建造了更高的电视塔。非洲、美洲和亚洲的国家也相继建造了混凝土电视塔。目前世界最高的电视塔是加拿大的多伦多电视塔,高度为553.3m;位居第二的是俄罗斯533m的奥斯坦金诺广播电视塔。

国外典型电视塔介绍如下。

（1）加拿大多伦多电视塔（图7.1）。

世界上最高的电视塔是竖立在加拿大多伦多市中心的国家电视塔，是多伦多的标志性建筑。它不仅是加拿大国家十大景观之一，也是世界最高的独立式建筑物。1973年动工，1976年落成。电视塔高553.3m，147层，圆盘状的观景台远看像飞碟，伫立在多伦多的港湾旁。

它是由加拿大国营铁路及太平洋铁路合资兴建的。高强混凝土浇筑的塔身断面呈Y形，基部每翼宽30.48m，厚6.7m，逐渐向上收分成一单柱，至446m处，再用特殊密实的混凝土浇筑5m高的发射塔基座，在其上再安装102m高的发射天线钢塔，是用巨型直升机吊上去的。整个电视塔用钢量5600t，混凝土4万 m^3，总重13万t。

（2）奥斯坦金诺广播电视塔（图7.2）。

奥斯坦金诺广播电视塔于1967年建成，是世界上第二高的独立建筑。其建筑重量超过55000t。奥斯坦金诺电视塔高达533m，观景台位于离地面337m的高空，观景台下面是"第七天空"餐厅的三个用餐室，通过无线电讯网络发射着11个电视台、12个广播电台和17个卫星电视节目的信号。

我国的电视塔发展也很迅速，如北京中央电视塔，高405m；天津电视塔，高415.2m；西安电视塔，高245m；辽宁电视塔，高305.5m；上海电视塔，高450m等。

图7.1　加拿大多伦多电视塔　　　　图7.2　奥斯坦金诺广播电视塔

国内典型电视塔介绍如下。

（1）北京中央电视塔（图7.3）。

中央电视塔于1987年1月开工，1990年9月亚运会使用，位于北京西郊玉渊潭公园西侧，高405m。其功能是播出8套电视节目，为公安、消防、地震、气象、环保和旅游等部门提供综合服务。该电视塔分基础、塔体、塔楼、桅杆四部分，塔体又包括内筒、中筒、外筒。塔体为圆锥形，塔座是两层重檐，塔楼为宫形，塔楼和塔座为大面积玻璃幕和金属屋顶。塔基的基础深24m，采用3m厚的预应力钢筋混凝土大环板，混凝土为C40，混凝土量为4236m^3，钢筋350t，预应力钢绞线40t。塔体的下部为框架结构，共7层，最大直径达70m，框架结构里侧与塔体连接。塔体为C40预应力钢筋混凝土，纵向钢筋外侧直径为 32 ～ 100mm，整个筒体设 64 束钢丝束，110m 以下另有 24 束。从 197.0 ～ 257.5m 为微波平台和塔楼，总高为 60.5m，最大直径为 41m，分为 14 层，塔楼为钢结构，总重 600t，坐落在钢筋混凝土的倒锥壳上，楼板为钢筋混凝土。桅杆部分由钢筋混凝土预应力桅杆和钢结构桅杆两部分组成。混凝土桅杆分为两个断面：底部 257.5 ～ 292.5m，外围 5m×5m，壁厚 600mm，混凝土的断面中心共 24 束预应力筋；上部 292.5 ～ 322m，外围 3.83m×8m，壁厚 550mm，混凝土壁中间共 16 束预应力筋。每束预应力筋均为 2m×2m，1m×1m，0.75m×0.75m，用钢板围成，钢板最厚为 50mm。

（2）上海电视塔（图 7.4）。

上海电视塔又称东方明珠电视塔，位于世纪大道 1 号，浦东陆家嘴地区，与黄浦公园、外滩隔江相望。1991 年动工建造，1994 年投入使用，是上海的标志性建筑。东方明珠电视塔选用了东方民族喜爱的圆体作为基本建筑线条，其设计富有唐代诗人白居易诗中"大珠小珠落玉盘"的优美含意。电视塔主体结构高 350m，全塔总高度为 468m。从电视塔大台阶步入塔内底层，便见宏伟的大堂，从底层电梯大厅可到直径 45m 的中球，后者离地面 263m，该球共 9 层，有 1 万多平方米。主体由三个斜筒体、三个直筒体和 11 个球组成，形成巨大的空间框架结构，具有鲜明的海派建筑特色，达到了现代科技与东方文化的完美统一。

图 7.3 北京中央电视塔

图 7.4 上海电视塔

7.2 电视塔所用的材料

电视塔所用材料的要求如下。

（1）混凝土材料的选用。根据国内外已建的混凝土电视塔情况，主体结构强度等级不宜低于 C30；当采用预应力混凝土时，不宜低于 C40。其他规定按《混凝土结构设计规范》（GB 50010—2010）执行。

（2）钢筋的选用。普通钢筋为 HPB300、HRB335 级，预应力钢筋宜采用钢绞线。

（3）钢材的选用。钢结构宜采用 Q235、Q345、20 号钢等，其质量标准应分别符合相应的规范要求。

（4）焊条的选用。手工焊采用的焊条应符合现行《非合金钢及细晶粒钢焊条》（GB/T 5117—2012）或《热强钢焊条》（GB/T 5118—2012）的规定要求，选择的焊条型号应与主体金属强度相适应。自动焊或半自动焊采用的焊丝和焊剂应与主体强度相适应，并应符合相应的标准规定。

（5）螺栓的选用。普通螺栓应符合现行国家标准《六角螺栓 C 级》（GB/T 5780—2000）和《六角头螺栓》（GB/T 5782—2000）的规定。高强螺栓应符合《钢结构用高强度大六角头螺栓》（GB/T 1228—2006）、《钢结构用高强度大六角螺母》（GB/T 1229—2006）及《钢结构用高强度垫圈》（GB/T 1230—2006）等的规定。

7.3 混凝土电视塔结构设计的基本原则

7.3.1 基本规定

混凝土电视塔结构设计计算采用分项系数的设计表达式表达、以概率理论为基础的极限状态设计方法。

极限状态设计分为以下两类。

（1）承载能力极限状态：这种极限状态对应于结构或结构构件达到最大承载力或不适于继续承载的变形状态。

（2）正常使用极限状态：这种极限状态对应于结构或构件达到正常使用或耐久性能的某项规定限植的状态。

7.3.2 承载能力极限状态的计算要求

混凝土电视塔依据其破坏后果的严重性（危及人的生命安全、造成经济损失、产生社会影响等）分为三个安全等级，见表 7.1 的规定。

表 7.1 电视塔的安全等级

安全等级	破坏后果	电视塔类型
一级	很严重	很重要
二级	严重	一般
三级	不严重	次要

对于承载能力极限状态，混凝土电视塔结构构件应按荷载效应的基本组合和偶然组合进行设计。

（1）基本组合应采用下列极限状态表达式：

$$\gamma_0 \left(\gamma_G S_{Gk} + \gamma_{Q1} S_{Q1k} + \sum_{i=2}^{n} \psi_{ci} \gamma_{Qi} s_{Qik} \right) \leqslant R(\cdot) \tag{7.1}$$

式中： γ_0——结构重要性系数，安全等级为一级、二级、三级的结构分别采用 1.1、1.0、0.9；

　　　γ_G——永久性作用分项系数，当其效应对结构不利时取 1.2，对结构有利时取 1.0；

　　　S_{Gk}——永久作用标准值的效应；

　γ_{Q1}、γ_{Qi}——第一个、第 i 个可变作用的分项系数，一般取 1.4；

S_{Q1k}、S_{Qik}——第一个、第 i 个可变作用的标准值的效应；

　　　ψ_{ci}——第 i 个可变作用的组合值系数；

　$R(\cdot)$——结构的抗力函数。

对不同的作用组合，其可变作用组合值系数分别按表 7.2 采用。

表 7.2 可变作用组合值系数

作用组合		可变作用组合值系数值				
		ψ_{CW}	ψ_{CL}	ψ_{CT}	ψ_{CI}	ψ_{CA}
Ⅰ	$G+W+L+T$	1.0	0.7	0.6	—	—
Ⅱ	$G+I+W+T$	0.25	0.7	—	1.0	—
Ⅲ	$G+A+W+L$	0.25	0.7	—	—	1.0

注：1. G、W、L、T、I、A 分别代表永久作用、风作用、楼面和平台的可变作用、温度作用、裹冰作用、安装检修的可变作用。

2. 在 Ⅱ、Ⅲ 组合中，当 $\psi_{CW} W_0 < 0.15 \text{kN/m}^2$ 时，取 $\psi_{CW} W_0 = 0.15 \text{kN/m}^2$。

（2）结构抗震计算时应采用下列极限设计表达式：

$$\gamma_G S_{GE} + \gamma_{Eh} S_{Ehk} + \gamma_{Ev} S_{Evk} + \psi_W \gamma_W S_{Wk} \leqslant R/\gamma_{RE} \tag{7.2}$$

式中：γ_G——永久性作用分项系数；

γ_{Eh}、γ_{Ev}——水平、竖向地震作用分项系数，应按表 7.3 采用；

　　　γ_W——风作用分项系数，应取 1.4；

　　　S_{GE}——重力荷载代表值的效应；

　　　S_{Ehk}——水平地震作用标准值的效应，尚应乘以相应的增大系数或调整系数；

　　　S_{Evk}——竖向地震作用标准值的效应，尚应乘以相应的增大系数或调整系数；

　　　S_{Wk}——风作用标准值的效应，尚应乘以相应的增大系数或调整系数；

　　　ψ_W——作用组合系数，可取 0.2；

　　　R——结构构件承载力设计值；

　　　γ_{RE}——承载力抗震调整系数，对混凝土塔身取 1.0，对钢结构和其他混凝土构件取 0.8，对连接取 1.0。

表 7.3 地震作用分项系数

地震作用	γ_{Eh}	γ_{Ev}
仅按水平地震作用计算	1.3	0

（续）

地震作用	γ_{Eh}	γ_{Ev}
仅按竖向地震作用计算	0	1.3
同时按水平和竖向地震作用计算	1.3	0.5

（3）偶然组合的极限状态设计表达式，宜按下列原则确定：

①只考虑一种偶然作用与其他可变荷载组合；

②偶然作用的代表值不应乘以分项系数；

③与偶然作用同时出现的可变荷载，可根据具体情况采用相应的代表值。

具体的设计表达式及各种系数，应按有关专业的规范、规程采用。

7.3.3 正常使用极限状态的验算要求

根据不同的设计要求，正常使用极限状态分别采用作用的短期效应组合和长期效应组合进行设计，其变形、裂缝等计算值不应超过相应的规定值。一般情况下，塔体只作短期效应组合设计。

（1）短期效应组合为

$$S_{Gk} + S_{Q1k} + \sum \psi_{ci} S_{Qik} \tag{7.3}$$

（2）长期效应组合为

$$S_{Gk} + \sum \psi_{qi} S_{Qik} \tag{7.4}$$

式中：ψ_{qi}——第 i 个可变作用的准永久值系数。

电视塔正常使用极限状态的控制条件应符合下列规定：

（1）在风荷载（标准值）作用下，塔上桅杆顶点的水平位移，不宜大于该点离地高度的 1/100；

（2）在不均匀日照温度或风荷载（标准值）作用下，对设置有转角要求设备（如天线）的塔，在设备所在位置处的塔身转角不得大于设备的规定限值；

（3）在风荷载动力的作用下，设有游览设施和有人房间的塔，在旅游设施和有人房间的所在位置处，塔身动风位移加速度不宜大于 0.2m/s²。

在短期效应组合和长期效应组合作用下，钢筋混凝土构件的最大裂缝宽度不应大于 0.2mm。

7.3.4 电视塔上的作用及计算

1. 作用的分类

电视塔结构上的作用可分为下列三类。

（1）永久作用：结构自重、固定设备重、土重、土压力混凝土收缩、预应力、地基沉降等。

（2）可变作用：风荷载、裹冰荷载、地震作用、雪荷载、温度作用、使用中的人员重、施工中的设备重等。

（3）偶然荷载：导线断线等。

2. 各种作用计算

1）风荷载

作用在电视塔结构上的风作用的压力标准值，应按下式计算：

$$\omega_{0k} \quad \beta_z \mu_s \mu_z \omega_0 \tag{7.5}$$

式中：ω_{0k}——风荷载压力的标准值（kN/m²）；

μ_s——风荷载的体型系数；

μ_z——风压的高度变化系数；

ω_0——基本风压（kN/m²）；

β_z——风荷载的振动系数。

基本风压系指当地比较空旷平坦地面上，以离地 10m 高处统计所得的平均 50 年一遇最大风速 v_0（单位 m/s）为标准，按 $\omega_0 = v_0^2/1600$ 确定的风压值。如无上述统计数据时，可按《建筑结构荷载规范》中全国基本风压分布图查得的数值采用，对一级电视塔可再加大 10%。电视塔设计所采用的基本风压不得小于 0.35kN/m²。

风压高度变化系数，应根据地面粗糙度类别按表 7.4 确定。地面粗糙度可分为 A、B、C 三类，A 类指近海海面、海岛、海岸、湖岸和沙漠地区；B 类指田野、乡村、丛林、丘陵以及比较稀疏的中、小城镇和大城市郊区；C 类指有密集建筑群的大城市市区。

风荷载体型系数可按《建筑结构荷载规范》的规定采用，对一级电视塔和外形较复杂的电视塔，应通过风洞试验确定。

表 7.4 风压高度变化系数 μ_z

离地面或海平面高度 /m	地面粗糙度类别		
	A	B	C
5	1.17	0.8	0.54
10	1.38	1.00	0.71
15	1.52	1.14	0.84
20	1.63	1.25	0.94
30	1.80	1.42	1.11
40	1.92	1.56	1.24
50	2.03	1.67	1.36
60	2.12	1.77	1.46
70	2.20	1.86	1.55
80	2.27	1.95	1.64
90	2.34	2.02	1.72
100	2.40	2.09	1.79

（续）

离地面或海平面高度 /m	地面粗糙度类别		
	A	B	C
150	2.64	2.38	2.11
200	2.83	2.61	2.36
250	2.99	2.80	2.58
300	3.12	2.97	2.78
350	3.12	3.12	2.96
≥ 400	3.12	3.12	3.12

作用于塔结构上的风荷载，应考虑阵风脉动的动力作用。根据电视塔结构刚度有突变和局部集中较大质量的特点，其风荷载的计算将脉动风按随机振动理论分析，用振型分解法计算。一般塔体结构视为多质点体系，作用于结构第 i 质点第 j 振型作用力的代表值可按下式确定：

$$\omega_{kji} = \omega_{0ki}A_i + M_iY_{ij}\gamma_j\xi_j\eta_j \tag{7.6}$$

$$\eta_j = \frac{\sum Y_{ij}A_im_i\omega_{0ki}}{\sum Y_{ij}^2 M_i}$$

式中：M_i——结构第 i 质点的集中质量；

Y_{ij}——第 i 质点第 j 振型的水平相对位移；

ξ_j——第 j 振型的脉动增大系数，见表 7.5；

——第 j 振型的空间相关系数，见表 7.6；

η_j——结构第 j 振型的参与系数；

ω_{0ki}——第 i 质点风作用压力的标准值；

A_i——结构第 i 质点的挡风面积；

m_i——第 i 质点风作用的脉动系数，见表 7.7。

表 7.5　脉动增大系数 ξ_j

$\varepsilon = tv_0/1200$	0.01	0.03	0.05	0.10	0.15	0.20
钢结构	1.49	1.88	2.13	2.56	2.86	3.08
钢筋混凝土结构	1.22	1.42	1.55	1.80	1.97	2.10

注：t 为结构的自振周期（单位为 s）；v_0 为设计基本风压对应的风速（单位为 m/s）。

表 7.6　空间相关系数 γ_j（考虑高振型时 $\gamma=1.0$）

$\varepsilon = tv_0/1200$	塔总高 /m				
	≤ 60	120	150	300	≥ 450
≤ 0.05	0.60	0.55	0.50	0.40	0.35
0.10	0.70	0.60	0.55	0.45	0.35
0.20	0.75	0.70	0.65	0.55	0.45

表7.7 脉动系数 m_i

距地面高度 /m		10	20	40	60	80	100	200	$\geqslant 350$
地面粗糙度类别	A	0.60	0.55	0.48	0.46	0.44	0.42	0.38	0.35
	B	0.88	0.75	0.65	0.60	0.56	0.54	0.46	0.40
	C	1.75	1.40	1.10	0.97	0.89	0.82	0.65	0.54

2）裹冰荷载

设计电视塔时，应考虑外露的结构构件、管线、塔上设备（如天线）表面裹冰所引起的重力作用及挡风面积增大的影响。基本裹冰厚度应根据当地离地10m高度处的观测资料，取重现期为50年的最大裹冰厚度的统计值。重裹冰区基本裹冰厚度可取10～20mm，轻裹冰区可取5～10mm；同时要考虑裹冰受地形和局地气候的影响。计算高度处的裹冰厚度 b 应按基本裹冰厚度 b_0 乘以表7.8中的裹冰高度变化系数。

表7.8 裹冰高度变化系数

距地面高度 /m	$\leqslant 10$	50	100	150	200	300	$\geqslant 350$
裹冰高度变化系数	1.0	1.6	2.0	2.2	2.4	2.7	2.8

管线及结构构件上的荷载计算应符合下列规定。

（1）圆截面的构件、拉绳、缆索、架空线等每米长度上的裹冰荷载，可按下式计算：

$$q = \pi \mu_x b(d + \mu_x b) \times 10^{-6} \tag{7.7}$$

式中：b——计算高度处的厚度（mm）；

d——构件或管线的直径（mm）；

μ_x——圆截面裹冰厚度修正系数，按表7.9采用。

表7.9 圆截面裹冰厚度修正系数

构件或管线直径 /mm	5	10	20	30	50	70
圆截面裹冰厚度修正系数	1.1	1.0	0.9	0.8	0.7	0.6

（2）非圆截面构件上的裹冰荷载 q_a（kN/m^2）可按下式计算：

$$q_a = 0.6b\gamma \cdot 10^{-6} \tag{7.8}$$

式中：γ——裹冰重度，一般取9kN/m^3；

其余符号意义同前。

3）地震作用

电视塔在进行地震作用设计计算时，应符合以下规定。

（1）对地震设防烈度为8度和9度场地上的塔，应计算竖向地震作用和水平地震作用的共同作用。8度和9度场地上的一级电视塔，宜进行专门的研究。

（2）当处于地震设防烈度为7度的硬、中硬场地，且基本风压 $\omega_0 \geqslant 0.4$kN/m^2 时，及处于7度的中软、软场地和8度的硬、中硬场地，且基本风压 $\omega_0 \geqslant 0.7$kN/m^2 时，可不进行抗震验算。

（3）单筒型的电视塔，应同时计算两个主轴方向的水平地震作用；多筒型的电视塔，除应同时计算两个主轴方向的水平地震作用外，尚应同时计算两个正交非主轴方向的水平地震作用。

电视塔在进行地震作用设计时，应采用的计算方法如下：对安全等级为三级的电视塔，可采用振型分解反应谱法进行地震作用计算；对安全等级为一级和二级的电视塔，除采用振型分解反应谱法进行地震作用计算外，尚应根据表 7.10 规定的设计基本地震加速度值，采用时程分解法进行补充计算。

表 7.10　设计基本地震加速度值

设防烈度	7 度	8 度	9 度
设计基本地震加速度值	$0.10g$	$0.20g$	$0.40g$

注：g 为重力加速度，$g=9.8\text{m/s}^2$。

按振型分解反应谱法进行地震作用计算时，对安全等级为三级的电视塔，计算振型数不宜少于 5 个；对安全等级为一级和二级的电视塔，计算振型不宜少于 7 个。

电视塔采用振型分解反应法计算地震作用时，结构第 j 振型第 i 质点的水平地震作用标准值，应按下列公式确定：

$$F_{ji} = \alpha_j \gamma_j Y_{ij} G_i \tag{7.9}$$

$$\gamma_j = \frac{\sum G_i Y_{ij}}{G_i Y_{ij}^2} \tag{7.10}$$

式中：F_{ji}——质点 i 的水平地震作用标准值；

　　　α_j——相应第 j 振型自振周期的水平地震影响系数，除进行专门研究的电视塔外，其余均按《建筑抗震设计规范》确定；

　　　Y_{ij}——第 j 振型质点 i 的水平相对位移；

　　　G_i——质点 i 的重力荷载代表值；

　　　γ_j——第 j 振型的参与系数；

其余符号含义同前。

水平地震作用标准值的效应 S（弯矩、剪力、变形、轴力等），可按下列公式确定：

$$S = \sqrt{\sum_j S_j^2} \tag{7.11}$$

式中：S_j——第 j 振型水平地震作用标准值的效应，其中因水平变形和重力引起的次效应，可只计算第一振型值。

竖向地震作用标准值应按下列公式确定：

$$F_{Evk} = \alpha_{vmax} G_{eqv} \tag{7.12}$$

$$F_{vik} = \frac{F_{Evk} G_i h_i}{\sum_j G_j h_j} \tag{7.13}$$

式中：F_{Evk}——总结构竖向地震作用标准值；

$\quad\quad F_{vik}$——质点 i 的竖向地震作用标准值；

$\quad\quad \alpha_{vmax}$——竖向地震影响系数的最大值，可取水平地震影响系数最大值的 1.2 倍；

$\quad\quad G_{eqv}$——结构参与竖向振动的总重力荷载代表值；

$\quad G_i$、G_j——集中于质点 i、j 的重力荷载代表值；

$\quad h_i$、h_j——集中于质点 i、j 的高度。

4）其他作用

计算日照作用时，混凝土塔段向阳面与背阳面筒壁平均温差可按 15℃采用。电视塔设计时，应考虑由塔基不均匀沉降造成的塔体中心轴线倾斜的影响，其塔体倾斜位移可取 0.4m。

施工机具、设备和作用力对结构受力有影响的，在结构设计中应根据具体情况进行验算。由施工偏差造成塔中心轴线倾斜，其倾斜角的正切值在塔体设计时可取 1/1000；对施加预应力的单筒形塔段，因穿预应力筋的位置偏差和部分预埋管道失效以及张拉偏差等造成全截面预应力总值偏离截面中心，设计时按全截面预应力总值的 5/100 置于截面一侧，计算对塔体的偏心作用。

由于混凝土的干缩作用，对电视塔结构或构件受力有影响的，应进行验算。

7.4 塔体的变形和内力计算

7.4.1 概述

电视塔塔体应根据工艺和使用要求、建筑造型、自然条件、材料和施工等因素，进行结构选型。塔体外形宜由平滑连续曲线或直线构成，水平截面宜采用对称截面，一般宜采用圆筒截面；塔体上部钢结构可采用单筒截面或空间桁架、刚架。

正截面承载能力极限状态设计表达式为

$$N \leqslant R_N (F_c, F_y, F_{Py}, \alpha_k \cdots), \quad M \leqslant R_M (F_c, F_y, F_{Py}, \alpha_k \cdots)$$

式中：N、M——轴向力、弯矩设计值；

$\quad\quad R_N$——截面的抗压承载力；

$\quad\quad R_M$——截面的抗弯承载力；

$\quad\quad \alpha_k$——截面的几何参数。

正截面承载能力极限状态设计还应遵守下列补充规定。

（1）混凝土塔段应采用表 7.2 的可变作用组合中Ⅰ、Ⅲ作用组合进行设计；钢结构塔段应采用Ⅰ、Ⅱ、Ⅲ作用组合进行设计。

（2）在进行抗震计算时，可不计算由竖向地震作用引起的塔体弯曲的次效应。

塔体设计应采用短期效应组合进行正常使用极限状态验算，并满足电视塔正常使用极限状态的控制条件。对塔体施加预应力，应依使用要求、风和地震作用、施工和投资等因素综合分析确定。根据设计经验，如采用预应力方案，宜选择低预应力，其值不宜大于 1500kN/m²。

7.4.2　塔体变形和内力计算

计算塔体时，可将其简化为多质点悬臂体系（图 7.5），沿塔高每 10～20m 宜设一个质点，塔截面突变处、质量集中处和计算需要处应设质点，一般每座塔的总数不少于 20 个。各质点的质量或重力，可按相邻上、下质点距离内的质量的 1/2 或重力的 1/2 采用。有塔楼时，应包括相应的塔楼重和楼面固定设备重，但楼面活荷载可不计入。

相邻两质点的塔体刚度，可采用该区段的平均截面刚度；在计算塔体截面刚度时，可不计开孔和局部加强措施的影响。

计算塔体自振特性和正常使用极限状态时，可将塔身视为弹性体系。其截面刚度可按下列规定取值。

（1）计算结构自振特性时，取 $0.85E_cI$。E_c 为混凝土的弹性模量，I 为截面惯性矩。

（2）计算正常使用极限状态时，取 $0.65E_cI$（混凝土）、$0.85E_cI$（预应力混凝土）。

（3）考虑抗震计算时，取 $0.85E_cI$（混凝土）、$1.0E_cI$（预应力混凝土）。

计算不均匀日照引起的塔身变位时，截面曲率可按下式计算：

$$1/\rho = \alpha_c \Delta t / d \tag{7.14}$$

式中：$1/\rho$——塔体截面的曲率；

　　　α_c——钢筋混凝土的线膨胀系数；

　　　Δt——由日照引起的塔身向阳面和背阳面的平均温差，可按 15℃采用；

　　　d——塔筒的外径。

在风荷载作用下，塔体任意高度处的动风位移加速度可按下式计算：

$$a = \frac{4\pi^2}{T_j^2} \cdot Y_j \tag{7.15}$$

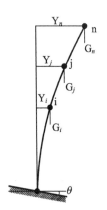

图 7.5　截面附加弯矩计算简图

式中：a——动风位移加速度（m/s²）；

　　　T_j——塔体第 j 振型自振周期（s）；

　　　Y_j——在风动力分量的作用下，塔体的水平位移值（m）。

在塔体截面 i 处，由塔体竖向荷载和水平位移所产生的附加弯矩可按下式计算：

$$\Delta M_i = \sum_j G_j(Y_j - Y_i) \tag{7.16}$$

式中：ΔM_i——第 i 质点的附加弯矩；

　　　G_j——第 j 质点的重力；

　　　Y_j、Y_i——第 j、第 i 质点的最终水平位移。

7.4.3 钢筋混凝土塔筒承载力的计算

钢筋混凝土塔筒水平截面承载力可按下列公式计算。

(1) 塔筒截面无孔时（图 7.6）：

$$N \leqslant \alpha f_c A + (\alpha - \alpha_t) f_s A_s \tag{7.17}$$

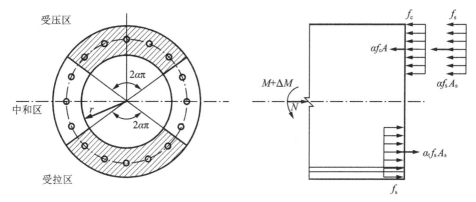

图 7.6 塔筒截面不开孔

$$M + \Delta M \leqslant f_c A r \cdot \frac{\sin\alpha\pi}{\pi} + f_s A_s r \left(\frac{\sin\alpha\pi}{\pi} + \frac{\sin\alpha_t\pi}{\pi} \right) \tag{7.18}$$

(2) 塔筒受压区有一个孔洞时（图 7.7）：

$$N \leqslant \alpha f_c A + (\alpha - \alpha_t) f_s A_s \tag{7.19}$$

$$M + \Delta M \leqslant \frac{r}{\pi - \theta} \left\{ (f_c A + f_s A_s) \left[\sin(\alpha\pi - \alpha\theta + \theta) - \sin\theta \right] + f_s A_s \sin\alpha_t(\pi - \theta) \right\} \tag{7.20}$$

式中：A——塔筒截面积，当塔筒受压区有孔洞时，扣除孔洞面积；

A_s——全部纵向钢筋的截面积，当塔筒受压区有孔洞时，扣除孔洞面积；

r——塔筒平均半径；

α——受压区的半角系数，按式（7.19）计算；

α_t——受拉钢筋半角系数，一般取 $\alpha_t = 1 - 1.5\alpha$，当 $\alpha \geqslant 2/3$ 时取 $\alpha_t = 0$；

θ——孔洞的半角（rad）。

注意：当受拉区有孔洞时，可不考虑孔洞的影响。

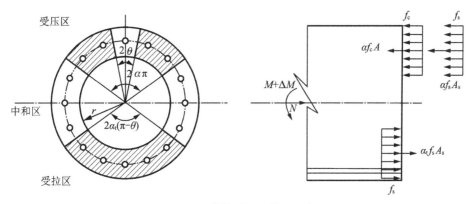

图 7.7 塔筒受压区截面开孔

　　钢筋混凝土塔筒竖向截面承载力可不验算，但竖向裂缝宽度应验算，并应满足构造配筋的要求。具体计算见《高耸结构设计规范》（GB 50135—2006）的塔筒裂缝宽度计算一节。

7.4.4　圆形筒塔的附加弯矩计算

　　（1）风荷载、日照和基础倾斜效应的作用如图 7.8 所示，在这些作用下，塔筒线分布重力 q 和局部集中重力 G_j 对塔筒任意截面 i 所产生的附加弯矩，可按下式计算：

$$\Delta M_i = \frac{q(H-h_i)^2}{2}\left[\frac{H+2h_i}{3}\left(\frac{1}{r_e}+\frac{\alpha_T \Delta t}{d}\right)+\tan\theta\right]+\sum_{j=i+1}^{n} G_i\left|h_j - h_i\right|\left[\frac{h_j+h_i}{2}\times\left(\frac{1}{r_e}+\frac{\alpha_T \Delta t}{d}\right)+\tan\theta\right] \quad (7.21)$$

式中：q——离塔筒顶处的折算线分布重力，可按《高耸结构设计规范》附录（三）款计算；

　　　　H——塔筒高度；

　　　　h_i——计算截面 i 的高度；

　　　　G_j——塔筒 j 点的集中重力；

　　　　h_j——塔筒 j 点的高度；

　　　　$1/r_e$——塔筒代表截面处的弯曲变形曲率，按本节第（5）款计算，代表截面位置按本节第（5）款确定；

　　　　α_T——钢筋混凝土的线膨胀系数；

　　　　Δt——日照温差，应按实测数据采用，当无实测数据时可按 20℃ 采用；

　　　　d——高度为 0.4H 处的塔筒外径；

　　　　θ——基础倾斜值，按计算值或允许值采用。

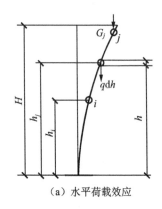
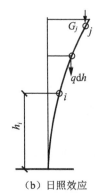
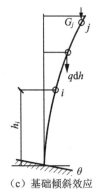

（a）水平荷载效应　　　　　（b）日照效应　　　　　（c）基础倾斜效应

图 7.8　附加弯矩计算简图

　　（2）由于地震、风荷载、日照和基础倾斜的共同作用，塔筒线分布重力 q 和局部集中力 G_j 对塔筒任意截面 i 所产生的附加弯矩 ΔM_i，可按下式计算：

$$\begin{aligned}\Delta M_i =& \frac{(q+F_{viq})(H-h_i)^2}{2}\left[\frac{H+2h_i}{3}\left(\frac{1}{r_e}+\frac{\alpha_T \Delta t}{d}\right)+\tan\theta\right]+\\&\sum_{j=i+1}^{n}(G_i+F_{viG_j})(h_j-h_i)\left[\frac{h_j+h_i}{2}\times\left(\frac{1}{r_e}+\frac{\alpha_T \Delta t}{d}\right)+\tan\theta\right]\end{aligned} \quad (7.22)$$

式中：F_{viq}、F_{viG_j}——竖向地震作用，按公式 $F_{vik} = \dfrac{F_{Evk}G_iH_i}{\sum\limits_j G_j h_j}$ 计算值乘以分项系数 0.5 采用，

且按本节第 (3) 款算得的离塔筒顶处的折算线分布重力 q 来计算，其正负号应与截面计算中的竖向地震力相适应；

其余符号含义同前。

(3) 计算截面 i 的附加弯矩时，其折算线分布重力 q 值可按下式计算：

$$q = \frac{2(H - h_i)}{3H}(q_0 - q_n) + q_n \tag{7.23}$$

式中：q_n——塔筒顶部的线分布重力，可取塔筒顶部一节的平均分布重力（不包括桅杆天线和局部集中重力）；

q_0——整个塔筒的平均线分布重力（不包括桅杆天线和局部集中重力）。

(4) 塔筒代表截面处轴向力对塔筒截面中心的相对偏心距，应按下列公式计算：

① 承载能力极限状态为

$$\frac{e_0}{e_r} = \frac{M + \Delta M}{Nr} \tag{7.24}$$

② 正常使用极限状态为

$$\frac{e_0}{e_r} = \frac{M + \Delta M_k}{N_k r} \tag{7.25}$$

式中：r——塔筒代表截面处的平均半径。

注意：M 和 M_k 中由桅杆受风荷载产生的部分，应分别乘以系数 1.4 和 1.2（下同）。

(5) 由风荷载和附加弯矩产生于塔筒代表截面处的弯曲变形曲率 $1/r_e$ 可按下列公式计算。

① 承载能力极限状态。

当 $\dfrac{e_0}{r} \leqslant 0.5$ 时：

$$\frac{1}{r_e} = \frac{M + \Delta M_k}{0.33 E_c I} \tag{7.26}$$

$$\Delta M = \frac{\dfrac{q(H - h_i)^2}{2}\left[\dfrac{H + 2h_i}{3}\left(\dfrac{M}{0.33E_c I} + \dfrac{\alpha_T \Delta t}{d}\right) + \tan\theta\right] + \sum\limits_{j=i+1}^{n} G_j(h_j - h_i)\left[\dfrac{h_j + h_i}{2} \times \left(\dfrac{M}{0.33E_c I} + \dfrac{\alpha_T \Delta t}{d}\right) + \tan\theta\right]}{1 - \dfrac{q(H - h_i)^2}{2}\left(\dfrac{H + 2h_i}{3} \times \dfrac{M}{0.33E_c}\right) - \sum\limits_{j=i+1}^{n} G_j(h_j - h_i)\left(\dfrac{h_j + h_i}{2} \times \dfrac{M}{0.33E_c}\right)} \tag{7.27}$$

当 $\dfrac{e_0}{r} > 0.5$ 时：

$$\frac{1}{r_e} = \frac{M + \Delta M_k}{0.25 E_c I} \tag{7.28}$$

式中：I——塔筒代表截面处的截面惯性矩；

E_c——混凝土的弹性模量。

②正常使用极限状态。

当 $\dfrac{e_{0k}}{r} \leqslant \ddot{u}$ 时：

$$\frac{1}{r_e} = \frac{M + \Delta M_k}{0.65 E_c I} \tag{7.29}$$

ΔM_k 公式同式（7.27），仅将所有系数 0.33 改为 0.65。

当 $\dfrac{e_{0k}}{r} > 0.5$ 时：

$$\frac{1}{r_e} = \frac{M + \Delta M_k}{0.4 E_c I} \tag{7.30}$$

ΔM_k 公式同式（7.27），仅将所有系数 0.33 改为 0.4。

求出代表截面的 $1/r_e$ 后，任意截面的 ΔM_i 可直接按第（1）款中的第一个公式或第二个公式计算。

由地震作用、部分风荷载和附加弯矩产生于塔筒代表截面处的弯曲变形曲率 $1/r_e$ 可按下式计算：

$$\frac{1}{r_e} = \frac{M + \Delta M_k}{0.25 E_c I}$$

式中：M——塔筒截面弯矩，其中由水平地震作用所产生的部分应乘以系数 1.3，由风荷载产生的部分应乘以系数 1.4；

ΔM——公式同式（7.27），仅将所有系数 0.33 改为 0.25，又将 q 改为 $q+F_{viq}$，G_j 改为 G_j+F_{viGj}。

（6）塔筒代表截面的位置按下列规定采用。

①当塔筒各处坡度均小于 3% 时，取塔身的底截面处；但当塔筒底设有孔洞时，则取该孔洞的顶截面处。

②当塔筒各处坡度均大于 3% 时，取坡度 ≤ 3% 的底部截面处；但当该处设有孔洞时，则取该孔洞的顶截面处。

7.5 塔楼的变形与内力计算

1. 概述

塔楼位于电视塔的上部，其自重大，外轮廓尺寸大。因此，在风和地震作用下，在塔体内产生的内力和变形很大。所以宜优先采用自重轻的结构方案，既具有良好的整体刚度，又具有适当的安全度。

当塔楼悬挑尺寸较小时，分层选用混凝土悬挑板较为经济合理。当塔楼荷载大、悬挑尺寸也大时，宜采用倒锥壳作为整个塔楼的支承结构。楼层选用现浇混凝土结构整体性好，并较为经济，而采用钢结构则自重轻、截面小。

2. 塔楼内力和变形计算

塔楼的永久荷载有结构的自重，还有擦窗机、天线、微波天线、广告牌等附加设施荷重；可变荷载有活载、风载、地震作用等。

塔楼设计应按规定进行承载能力极限状态计算。正常使用极限状态验算应采用短期效应组合。

在进行内力和变形计算时，根据结构的类型选用相应计算简图。可将塔体视为塔楼楼层结构的支座，支座按实际情况可按固定和铰支考虑。

塔楼的拉力宜由其结构自身平衡，使塔体结构受力简单明确。应避免使塔楼产生的水平力作用在塔体上，导致塔体结构受力状态复杂化。

3. 局部验算

塔楼通常采用倒锥壳作为承重结构，倒锥壳的顶面将产生水平拉力，为避免塔体受到此拉力并减少倒锥壳的裂缝，宜在倒锥壳的边缘施加预应力，以抵消该水平力。塔楼楼层在承重结构上的支承点和在塔体上的支承点，其截面或应力突变处均应进行局部验算。

塔楼楼层应验算混凝土楼板收缩、作用的不均匀分布、预应力及施工等对结构的影响。

7.6 电视塔地基与基础计算

电视塔基础地基的选用应避开软弱地基，因为软弱地基地面的自振周期和振动持续时间长，振幅较大，所以振害较严重。

电视塔基础形式的选用应综合塔体结构、场地土和周围环境条件，通过技术经济比较进行综合分析来确定。通常采用筏板、箱形及锥壳加环板基础，有时也采用桩箱、桩筏基础。

塔基础设计内容包括强度计算、变形和抗倾覆验算，必要时应做抗滑移稳定性验算。

设计时应满足在各种作用组合下，基础底面不脱开地基土的要求。

基础埋深必须满足地基变形的要求。根据高层建筑设计的规定和经验，高层在水平荷载作用下，加大基础埋深可减少地基的地震加速度，有利于提高地基的承载力、结构的整体稳定性。基础的埋深一般从室外地面算起。根据经验，基础的埋深可取建筑物高度的1/20；电视塔因塔楼以上的桅杆质量相对于塔楼及塔体的质量较小，其高度可不计入建筑物地面高度，因而基础埋深不宜小于主塔楼顶高度的1/20。当基础建在岩石上并有可靠锚固措施时，埋深可适当减小。

一般情况下，塔体和塔座建筑采用同一基础支承，有利于提高塔的稳定性，并使两者的沉降取得一致。

7.6.1 地基计算

地基承载力计算应符合下列要求。

（1）当基础为轴心受压时，应满足下式：

$$p_k \leqslant f_a \tag{7.31}$$

式中：p_k——相应于荷载效应标准组合时，基础底面处的平均压力值；

f_a——修正后的地基承载力特征值，根据地基土的类别、基础底面的宽度、基础埋深等确定。

考虑地震作用时，地基承载力应按下式计算：

$$f_{ag} = \zeta_a f_a \tag{7.32}$$

式中：f_{ag}——调整后的地基抗震承载力；

ζ_a——地基抗震承载力调整系数，按 GB 50011—2010 采用。

（2）当基础为偏心作用时，应满足下式：

$$p_k \leqslant f_a, \quad p_{k\max} \leqslant 1.2f_a \tag{7.33}$$

式中：$p_{k\max}$——相应荷载效应标准组合时，基础底面边缘的最大压应力值（kPa）。

以上公式中

$$p_k = \frac{F_k + G_k}{A}, \quad p_{k\max} = \frac{F_k + G_k}{A} + \frac{M_k}{W}, \quad p_{k\min} = \frac{F_k + G_k}{A} - \frac{M_k}{W}$$

式中：M_k——相应荷载效应标准组合时，基础底面的弯矩标准值（kN·m）。

（3）当基础为双向偏心作用时，应满足下式：

$$_{k\max} = \frac{F_k}{A} \frac{G_k}{} + \frac{M_k}{W_x} + \frac{}{W_y} \tag{7.34}$$

$$p_{k\min} = \frac{F_k + G_k}{A} - \frac{M_{kx}}{W_x} - \frac{M_{ky}}{W_y} \tag{7.35}$$

式中：$p_{k\max}$、$p_{k\min}$——相应荷载效应标准组合时，基础底面边缘的最大、最小压应力值（kPa）；

M_{kx}、M_{ky}——相应荷载效应标准组合时，基础底面对 x、y 轴的弯矩标准值（kN·m）；

W_x、W_y——基础底面对 x、y 轴的抵抗矩（m³）。

地基变形计算的计算值，应不大于地基变形的允许值。具体要求如下：

（1）地基最终沉降量应按 GB 50007—2011 的规定计算。

（2）基础倾斜应按下式计算：

$$\tan\theta = \frac{s_1 - s_2}{b(\text{或} d)} \tag{7.36}$$

式中：s_1、s_2——基础倾斜方向两边缘的最终沉降量（mm），矩形基础可按 GB 50007—2011 计算，环形基础可按 GB 50051—2013 计算；

b——矩形基础倾斜方向宽度（mm）；

d——圆形基础的外径（mm）。

当计算风载作用时，根据土力学理论，风载作用下所产生的地基变形可按瞬时变形考虑，即可用土的弹性模量进行地基最终沉降量计算。地基变形允许值可按表 7.11 的规定取值。

表 7.11 地基变形允许值

塔高 H/m	最终沉降量允许值 /mm		倾斜允许值 tanθ
	高压缩性黏性土	低、中压缩性黏性土，沙土	
$H \leqslant 20$	400		$\leqslant 0.008$
$20 < H \leqslant 50$	400		$\leqslant 0.006$
$50 < H \leqslant 100$	400		$\leqslant 0.005$
$100 < H \leqslant 150$	300	200	$\leqslant 0.004$
$150 < H \leqslant 200$	300		$\leqslant 0.003$
$200 < H \leqslant 250$	200		$\leqslant 0.002$
$250 < H \leqslant 300$	200		$\leqslant 0.0015$
$300 < H \leqslant 400$	100	100	$\leqslant 0.0010$

注：H 为塔的总高度，指室外地面至桅杆顶的高度。

7.6.2 基础计算

圆形板式基础如图 7.9 所示。环形板式基础如图 7.10 所示。

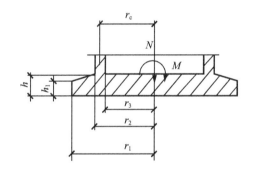

图 7.9 圆形板式基础

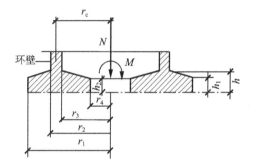

图 7.10 环形板式基础

板式基础的外形尺寸宜符合下列要求。

圆形板式基础为

$$\left.\begin{array}{l} r_1 / r_2 \approx 1.5 \\ h \geqslant \dfrac{r_1 - r_2}{2.2}, \quad h \geqslant \dfrac{r_3}{4.0} \\ h_1 \geqslant \dfrac{h}{2}, \quad h_2 \geqslant \dfrac{h}{2} \end{array}\right\} \qquad (7.37)$$

环形板式基础为

$$r_4 \approx \psi r_c$$
$$h \geqslant \frac{r_1 - r_2}{2.2}, \quad h \geqslant \frac{r_3 - r_1}{3} \left.\right\}$$
$$h_1 \geqslant \frac{h}{2}, \quad h_2 \geqslant \frac{h}{2} \qquad (7.38)$$

式中：　　　　r_c——筒底截面的平均半径；

$r_1 \sim r_4$——基础底板不同位置的半径；

h、$h_1 \sim h_4$——基础底板不同位置的厚度；

Ψ——环形基础底板外形系数，可根据 r_1/r_c 值按规范环形基础底板外形系数曲线确定。

板式基础按上述内容确定基础外形尺寸的比例和基础地板的最小尺寸，式 (7.37) 及式 (7.38) 为圆形基础和环板基础的优化外形。在同样的条件下，环形基础的优化比圆形基础经济，宜优先采用。当环形基础内半径 $r_4 \geqslant \psi r_c$ 时，基础底板上部仅需按构造配筋。

计算矩形板式基础强度时，基底压力可按下列规定采用。

（1）坡形顶面的板式基础如图 7.11 所示。计算任意一截面 x—x 的内力时，可采用基底均布作用力：

$$p = (p_{\max} + p_x)/2 \qquad (7.39)$$

式中：p——基底均布作用设计值；

$p_{\max}$——基底边缘最大压力设计值；

p_x——基底任一截面 x—x 处的压应力设计值。

（2）台阶顶面的板式基础如图 7.12 所示。计算截面 1—1 及 2—2 的内力时，可分别采用按式 (7.40) 及式 (7.41) 求得的基底均布作用力：

$$p_{1-1} = (p_{\max} + p_1)/2 \qquad (7.40)$$
$$p_{2-2} = (p_{\max} + p_2)/2 \qquad (7.41)$$

式中：p_1、p_2——计算截面 1—1、2—2 处的基底压应力设计值。

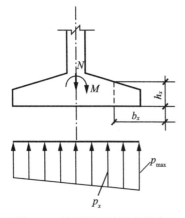

图 7.11　坡形顶面的板式基础

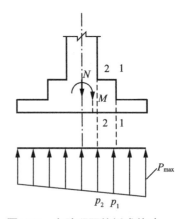

图 7.12　台阶顶面的板式基础

计算圆形、环形基础底板强度时，如图 7.13 所示，可取基础外悬挑中点处的基底最大压力 p 作为基底均布作用，p 值可按下式计算：

$$p = N / A + (M / I) \cdot (r_1 + r_2) / 2 \tag{7.42}$$

式中：N——上部结构传至基础的轴向力设计值（不包括基础底板自重及基础底板上的
土重）；

$\quad\;\; M$——上部结构传至基础的力矩设计值；

$\quad\;\; A$——基础底板的面积；

$\quad\;\; I$——基础底板的惯性矩。

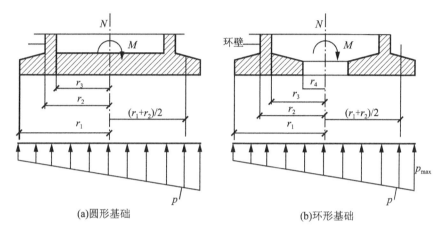

(a)圆形基础　　　　　　　　　　　(b)环形基础

图7.13　圆形及环形基础的基底作用计算简图

承受水平力的各类独立基础，应验算抗滑移稳定性：

$$H \leqslant [(N+G)\mu]/1.3 \tag{7.43}$$

式中：H——基底上部结构传至基础的水平力设计值（kN）；

$\quad\;\; N$——上部结构传至基础的轴向力设计值（kN）；

$\quad\;\; G$——基础自重，包括基础上的土重（kN）；

$\quad\;\; \mu$——基础底面对基础的摩擦因数，可按《建筑地基基础设计规范》的规定采用；

$\quad$ 1.3——基础抗滑移稳定系数，用以提高抗滑移安全储备。

另外，基础环壁为塔体在基础中的延伸部分，一般不与底板垂直，尚应计算由上部
传至基础的轴向力的水平分力在基础底板内产生的环向拉力。

7.7　构造要求

7.7.1　钢筋混凝土

考虑电视塔结构的特殊性，规定受力钢筋的混凝土保护层最小厚度比普通结构的混
凝土保护层大。受力钢筋的混凝土保护层最小厚度，当构件处在室内环境时，对板、墙
和壳类构件不应小于 20mm，对梁、柱类构件不应小于 30mm；当这些构件处在露天环
境时，保护层应比上述值增大 10mm；所有构件的保护层均不应小于受力钢筋的直径。

电视塔的配筋往往比较多,而构件的截面尺寸相对较小,既要保证钢筋净距满足要求,又要便于混凝土的振捣。

构件截面突变,易产生应力集中,设计时应减少截面尺寸突变;当不可避免时,应在突变处配置构造钢筋。混凝土板、墙内所开洞口的周边应配置附加钢筋,其截面积不小于被截断钢筋的截面积。梁、板、柱受拉钢筋的最小锚固长度,当采用 HPB300 钢筋时不小于 30d,采 HRB335 时不小于 40d;当钢筋直径 $d \leqslant 20$mm 时,可采用搭接接头,搭接长度可按钢筋的最小锚固长度采用。

7.7.2 预应力混凝土

电视塔塔体的预应力主要是竖向和环向布置的大吨位预应力群锚体系。除此之外,尚有少量局部使用的其他预应力形式,诸如无黏结预应力筋等的应用。电视塔预应力的特点如下:

(1)大吨位群锚;

(2)长埋管穿筋及超长张拉;

(3)环向预应力包角较大;

(4)高空作业,操作空间小。

电视塔宜采用后张法对构件施加竖向或环向预应力,预应力的设计应考虑不同构件的特点和施工的要求。

由于塔体竖向预应力管超长埋设,为了保证其位置正确,施工过程不发生偏移或堵塞现象,以采用预埋镀锌钢管为宜,管道应设支架固定。从试验结果和实际工程的应用来看,钢管的摩擦力也较小。预应力钢筋宜采用钢绞线,塔楼和基础的预埋管也应采用镀锌钢管。

为防止施工中可能造成的漏浆堵塞、管道变形、穿筋不利等因素,保证塔体预应力的有效建立,根据具体的构造形式和施工方法,预留一定数量的孔道是必要的。多伦多电视塔建造较早,电视塔预应力施工尚不成熟,其预留了 20% 的孔道。我国广播电影电视总局设计院承担设计的预应力电视塔,都根据具体情况预留了一定数量的孔道,一般取总数的 10% 左右,且不少于 4 ~ 5 个孔道。

预埋管道之间的净距不应小于 50mm,且不应小于相邻管道的最大直径,管道至构件边缘的净距不应小于 40mm。

构件的预拉区和预压区,应设置非预应力构造筋;锚具下混凝土局部受压区须配置间接钢筋(网状或非网状筋、螺旋筋),其体积配筋率不宜小于 1.0%。

试验证明,塔体预应力钢筋弯折处存在拉应力区,应对横向钢筋和内外层横向钢筋的连系钢筋内加密;环向施加预应力的混凝土构件内的非预应力环向和径向钢筋应采用焊接接头,在环向预应力筋的内侧应加配钢筋网。

孔道须二次灌浆,灌浆要求密实,水泥浆强度等级不宜低于 M30,其水灰比宜为 0.35 ~ 0.45,可掺入适量对预应力钢筋无腐蚀作用的减水剂和微膨胀剂。

外露的金属锚具和预应力钢筋,宜采用细石混凝土封包,既可防腐又可防火。

7.7.3 塔体

塔体一般为双层配筋，当混凝土厚度小于 200mm 时，将难以施工，所以塔体混凝土最小厚度不宜小于 200mm；厚度沿高度的变化宜连续。混凝土强度等级不宜低于 C30，混凝土水灰比不应大于 0.45，混凝土的添加剂不应对塔体的耐久性造成不利的影响。

混凝土塔体上开孔洞对塔体截面削弱总量不大于所在截面积的 1/4，且应沿周边均匀布置，单个孔洞对塔体截面削弱不大于 1/8，在同一方位沿塔高不宜连续开孔洞；孔洞宜为圆形，矩形孔洞在四角处应有弧形过渡。

塔体采用的竖向钢筋的最小配筋率为 0.4%，横向钢筋的最小配筋率为 0.3%。塔体采用的普通钢筋的最小直径，竖向钢筋为 16mm，横向钢筋为 12mm。竖向钢筋的最小净距大于 80mm，最大间距不应大于 300mm；横向钢筋最大间距不应大于 250mm，且不大于混凝土壁厚度。为了保证混凝土耐久性，钢筋的最小保护层外壁为 40mm，内壁为 30mm。

筒形结构的塔体一般为双层配筋，外层钢筋和内层钢筋的面积比不宜大于 2；两层钢筋间应设直径不小于 6mm 的拉接筋，拉接筋的纵横间距不宜大于 600mm，且宜交错布置。对单层配筋的筒壁，沿高度方向 2 ~ 3m 应设一双层横筋环带，环带高不小于筒壁厚，内层环向钢筋面积不应小于外层同高度内的配筋，以提高抗竖向开裂的能力。当双层配筋时，环带可每 10 ~ 20m 高设一层，环带高约 1.0m，其配筋可将环带内的环筋截面加倍，以加强塔体。

塔体预留孔洞的边缘应配置附加钢筋，附加钢筋的面积可以采用同方向被孔洞切断钢筋面积的 1.3 倍。矩形孔洞四角处，应配置 45° 方向的斜向钢筋，每处斜向钢筋的面积，可按壁厚每 100mm 采用 250mm^2，且不少于 2 根。附加筋和斜向筋伸过孔洞边缘的长度，不应小于钢筋直径的 40 倍。

横向钢筋接头可以采用搭接；竖向钢筋直径不大于 20mm 时，可采用搭接连接，对大于 20mm 的竖向钢筋均应采用焊接。搭接连接的接头长度，对 HPB300 钢筋为 30d，对 HRB335 钢筋为 40d；同一截面上搭接接头的数量不超过钢筋总数的 1/4，焊接接头的数量不应超过钢筋总数的 1/2；各类接头的位置应在截面上均匀布置。

7.7.4 塔楼

塔楼楼层结构为混凝土悬臂板时，板根部的厚度不宜小于挑出长度的 1/8，限制挠度不要过大；端部厚度不小于 200mm，保证端部安装外围护结构的埋设连接件的需要；塔楼的支承结构采用混凝土倒锥壳时，锥面的坡度不宜小于 1:1，采用三角形或梯形钢桁架时，桁架弦杆的坡度不宜小于 1:4。塔楼楼层结构与塔体的连接宜按铰接节点设计，避免节点受力复杂，节点设计和安装也简单。节点构造应考虑安装的可调性。楼层钢结构的柱子宜采用工字形截面，受力合理，施工安装简便。当柱子为箱形截面时，柱子中间宜用强度等级不低于 C30 的混凝土填实。所有与混凝土结构连接的连接件必须预埋，不得事后凿补。塔楼承重结构的环向钢筋应采用焊接或机械连接接头。

7.7.5　基础

采用径、环向配筋和方格网配筋方式的试验结果表明，径、环向配筋受力直接，径向筋起决定性作用。改进后的配筋方式，经试验证明底板受力合理，承载力得到提高。为此基础构造应符合下列规定。

圆形、环形板式基础底板下部钢筋应采用径、环向配筋。圆形板式基础的环壁以外的底板上部钢筋，也应采取径、环向配筋。圆形板式基础的环壁以内的底板上部钢筋，可采用等距方格网配筋。环壁的厚度自室外地坪以下至基础底板顶面，宜采用逐渐加厚的做法。

电视塔基础一般埋深较深，施工时应处理好基坑支护结构与塔基础相邻建筑物及地下管线的关系。

7.8　计算例题

【例 7.1 】在裹冰区建一座拉绳式微波塔，其基本裹冰厚度为 16mm，拉线直径为 30mm，其最高处离地面 100mm。试问该塔单位长度上裹冰荷载（kN/m）是多少？

解：（1）查《高耸结构设计规范》表 3.3.3-1，得与构件直径有关的裹冰厚度修正系数 μ_x=0.8。

（2）查《高耸结构设计规范》表 3.3.3-2，得裹冰厚度的高度递增系数为 2.0。

（3）查《高耸结构设计规范》表 3.3.3-3 条第一款的规定，取裹冰重度 $\gamma = 9kN/m^3$。

（4）拉索直径 d =30mm，基本裹冰厚度 b=16mm。

（5）应用《高耸结构设计规范》式 3.3.3-1，得单位长度上裹冰荷载为

$$q=\pi \mu_x b(d+\mu_x b)\times10^{-6}$$
$$=\pi\times0.8\times16\times2.0\times(30+16\times2.0\times0.8)\times9\times10^{-6}$$
$$=0.042(kN/m)$$

【例 7.2】图 7.14 所示为钢筋混凝土圆形塔结构，建造在某城市郊区，基本风压 ω_0=0.35kN/m²，塔体表面光滑，混凝土强度等级为 C25，$E_c = 280\times10^5 kN/m^2$，钢筋采用 HRB335 钢。试在风荷载及不均匀日照作用下，完成底部截面弯矩设计值和承载力的计算。

解：（1）风荷载的计算。

①根据《建筑结构荷载规范》第 7.2.1 条规定，采用 50 年一遇风压。

②本工程建造在某城市郊区，按上述规范第 7.2.1 条规定，地面粗糙度属于 B 类，不同高度的风压变化系数 μ_z 由《高耸结构设计规范》7.2.1 查出，如表 7.12 所列。

③风荷载体型系数 μ_s 可由《高耸结构设计规范》表 3.2.6 查出，本工程属于悬臂结构，截面为圆形，表面光滑，当 H/D=100/4.2=23.8 时，查得 μ_s =0.547。

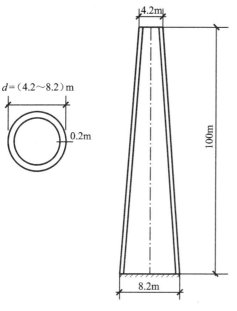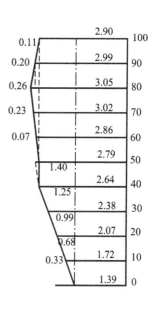

图 7.14　例 7.2 图

④风振系数 β_z 按《高耸结构设计规范》第 3.2.8 条规定计算：

$$\beta_z = 1 + \xi\varepsilon_1\varepsilon_2$$

结构基本周期参照《建筑抗震设计规范》第 11.1.4 条，150m 钢筋混凝土塔体为

$$T_1=0.45+0.0011H^2/d'=0.45+0.0011\times100^2/6.2=2.22\,(\text{s})$$

式中：d——半高处截面外径，$d'=(4.2+8.2)\text{m}/2=6.2\text{m}$。

基本风压力 $\omega_0=0.35\text{kN/m}^2$，$\omega_0T_1^2 = 0.35\times2.22^2 =1.725$。

查《高耸结构设计规范》表 3.2.8-1 得脉动增大系数 $\xi=1.51$。

查《高耸结构设计规范》表 3.2.8-2 得影响系数 $\varepsilon_1 =0.43$。

查《高耸结构设计规范》表 3.2.8-3，得振型、结构外形的影响系数 ε_2，如表 7.12 所列。本塔顶和塔底部的宽度比为 4.2/8.2=0.512。

把有关值代入后，不同高度的风振系数 β_z 计算值如表 7.12 所列。

⑤风荷载标准值按《高耸结构设计规范》第 3.2.1 条的式 (3.2.1) 计算，相关参数在不同高度的风荷载标准值 ω 作用下的值如表 7.12 所列。

表 7.12　不同高度下的相关参数值

H_i	μ_z	ε_2	β_z	d/m	ω/(kN/m²)	q/(kN/m²)
100	2.09	0.88	1.57	4.2	0.69	2.90
90	2.02	0.83	1.54	4.6	0.65	2.99
80	1.95	0.76	1.49	5.0	0.61	3.05
70	1.86	0.66	1.43	5.4	0.56	3.02
60	1.77	0.56	1.36	5.6	0.51	2.88
50	1.67	0.44	1.28	6.2	0.45	2.79

（续）

H_i	μ_z	ε_2	β_z	d/m	ω/(kN/m^2)	q/(kN/m^2)
40	1.56	0.32	1.21	6.6	0.40	2.64
30	1.42	0.22	1.14	7.0	0.34	2.38
20	1.25	0.11	1.07	7.4	0.28	2.07
10	1.00	0.04	1.03	7.8	0.22	1.72
0	0.80	—	1	8.2	0.17	1.39

注：d 为塔身外直径。

（2）风荷载作用下底部弯矩设计值计算。计算公式为

$$M = \gamma_\omega \times M_k$$

$$M_k = \frac{1.39 \times 100^2}{2} + 1.4 \times 50 \times 75 + 0.245 \times 10 \times 75 + 0.11 \times 20 \times 90 + \frac{0.15 \times 20}{2} \times 86.7 +$$

$$\frac{0.23 \times 20}{2} \times 63.3 + \frac{1.45 \times 50}{2} \times 33.3 = 14064.25 (\text{kN} \cdot \text{m})$$

$$M = 1.4 \times 14064.52 = 19690.33 (\text{kN} \cdot \text{m})$$

（3）由于风荷载、日照作用，圆筒形塔的附加弯矩按《高耸结构设计规范》附录四进行计算，塔筒底部附加弯矩公式为

$$\Delta M = \frac{qH^2}{2}\left[\frac{H}{3}\left(\frac{1}{r_e} + \frac{\alpha_T \Delta t}{d}\right)\right]$$

式中 d 为 0.4H 处（即 40m 处）的塔筒外径，d=6.6m。$1/r_e$ 按承载力极限状态计算，当 $e_0/r \geq 0.5$ 时，由《高耸结构设计规范》式（4.5.3）得：

$$\frac{1}{r_e} = \frac{M + \Delta M_k}{0.25 E_c \cdot I}, \quad \Delta M = \frac{\frac{qH^2}{2}\left[\frac{H}{3}\left(\frac{M}{0.25 E_c I} + \frac{\alpha_T \Delta t}{d}\right)\right]}{1 - \frac{qH^2}{2}\left[\frac{H}{3} \times \frac{1}{0.25 E_c I}\right]}$$

式中 I 为塔筒代表截面惯性矩，由《高耸结构设计规范》附录四（六）可知，当塔筒坡度大于 3% 时，代表截面为底截面。

底部截面惯性矩为

$$I = \frac{\pi(8.2^4 - 7.8^4)}{64} = 40.24 (\text{m}^4)$$

日照温差 Δt 取 20℃，钢筋混凝土的线膨胀系数 α_T 为 1×10^5/℃。

折线分布重力 q 按《高耸结构设计规范》式（附 4.3）计算：

$$q = \frac{2H}{3H}(q_0 - q_n) + q_n$$

式中 q_n 取筒顶 10m 平均线分布重力，计算值为

$$q_n = 0.785 \times (4.4^2 - 4^2) \times 25 = 66 (\text{kN/m})$$

则有

$$q = \frac{2}{3} \times (94.2 - 66) + 66 = 84.8 \, (\text{kN} / \text{m})$$

$$\Delta M = \frac{\dfrac{84.8 \times 100^2}{2} \times \left[\dfrac{100}{3} \times \left(\dfrac{19690.33}{0.25 \times 280 \times 10^5 \times 40.24} + \dfrac{1 \times 10^{-5} \times 20}{6.6} \right) \right]}{1 - \dfrac{84.8 \times 100^2}{2} \times \dfrac{100}{3} \times \dfrac{1}{0.25 \times 280 \times 10^5 \times 40.24}}$$

$$= 1423.31 \, (\text{kN} \cdot \text{m})$$

$$\frac{1}{r_e} = \frac{19690.33 + 1423.31}{0.25 \times 280 \times 10^5 \times 40.24} = 7.5 \times 10^{-5}$$

按《高耸结构设计规范》式（附 4.4-1）校核相对偏心距：

$$\frac{e_0}{r} = \frac{M + \Delta M}{N \cdot r} = \frac{19690.33 + 1423.31}{9420 \times 4.1} = 0.547 > 0.5$$

符合原假定。

以上数值代入《高耸结构设计规范》式（附 4-1），得塔筒底部附加弯矩为

$$\Delta M = \frac{qH^2}{2} \left[\frac{H}{3} \left(\frac{1}{r_e} + \frac{\alpha_T \Delta t}{d} \right) \right]$$

$$= \frac{84.28 \times 100^2}{2} \times \left[\frac{100}{3} \times \left(7.5 \times 10^{-5} + \frac{1 \times 10^{-5} \times 20}{6.6} \right) \right] = 1488.28 \, (\text{kN} \cdot \text{m})$$

（4）塔筒底部弯矩设计值计算。

对于承载力极限状态，应按《高耸结构设计规范》第 2.0.4 条进行风荷载产生的弯矩和日照产生的弯矩基本组合，因为是一般高耸结构，重要性系数采用 $\gamma_0 = 1.0$，日照度作用分项系数 $\gamma_T = 1.0$，底部弯矩设计值为

$$M' = \gamma_0 (M + \gamma_T \Delta M)$$
$$= 1.0 \times (19690.33 + 1 \times 1488.28)$$
$$= 21178.61 \, (\text{kN} \cdot \text{m})$$

（5）底部截面承载力计算。

底部截面无孔洞，已知轴向压力 $N = 1.2 \times 9420 \text{kN} = 11304 \text{kN}$，截面承载力按《高耸结构设计规范》第 5.3.1 条进行计算：

$$N \leqslant \alpha f_c A + (\alpha - \alpha_t) f_s A_s$$

式中受拉钢筋的半角系数 $\alpha_t = 1 - 1.5\alpha$，纵向钢筋假定采用 $10 \Phi 12$，$A_s = 1131 \text{mm}^2$，$f_s = 300 \text{MPa}$，截面积 $A = 0.785 \times (8.2^2 - 7.8^2) \, \text{m}^2 = 5.024 \times 10^6 \text{mm}^2$，$f_c = 12.5 \text{MPa}$，则有

$$N \leqslant \alpha f_c A + (\alpha - 1 + 1.5\alpha) f_s A_s$$

$$= \frac{N + f_s A_s}{f_c A + 2.5 f_s A_s} = \frac{11.304 \times 10 + 310 \times 1131}{12.5 \times 5.024 \times 10 + 2.5 \times 300 \times 1131} = 0.183$$

按《高耸结构设计规范》式（5.3.1-2）验算弯矩作用下部底截面承载力：

$$M + \Delta M \leqslant f_c A r \cdot \frac{\sin \alpha \pi}{\pi} + f_s A_s r \left(\frac{\sin \alpha \pi}{\pi} + \frac{\sin \alpha_t \pi}{\pi} \right)$$

式 中，$\alpha\pi=3.1416\times0.183=0.5479\,(\text{rad})$，折 合 为 $32.94\,°$，$\alpha_t=1-1.5\alpha=0.7255$，$\alpha_t\pi=0.7255\times3.1416=2.28\,(\text{rad})$，折合 $130.63°=0.759$，r 为塔筒平均半径，$r=4m$。已知值代入得：

$$f_c Ar \cdot \frac{\sin\alpha\pi}{\pi} + f_s A_s r\left(\frac{\sin\alpha\pi}{\pi} + \frac{\sin\alpha_t\pi}{\pi}\right)$$

$$= 11.9\times5.024\times10^6\times4000\times\frac{0.544}{3.1416} + 300\times1131\times4000\times\left(\frac{0.544}{3.1416} + \frac{0.759}{3.1416}\right)$$

$$= 4.1973\times10^{10}\,(\text{N}\cdot\text{m})$$

$$= 4.1973\times10^{10}\,\text{kN}\cdot\text{m} > M+\Delta M = 2.111264\text{kN}\cdot\text{m}$$

纵向钢筋按构造配置（Φ12@150，双排），满足要求。

本 章 小 结

本章介绍了电视塔的材料、设计基本原则，相关作用及两种极限状态组合。

应重点掌握塔体变形和内力计算、钢筋混凝土塔筒承载力的计算、圆筒形塔的附加弯矩计算。掌握塔楼的变形与内力局部验算和地基及基础的验算方法。

思 考 题

7.1 电视塔在正常使用极限状态下有哪些控制条件？

7.2 电视塔抗震计算有哪些要求？

7.3 电视塔地基与基础设计有哪些要求？

7.4 电视塔的风荷载是如何确定的？

7.5 电视塔的预应力有何特点？

7.6 电视塔结构的受力特点是什么？

7.7 电视塔结构的主要作用是什么？

习 题

7.1 混凝土圆形塔结构，建造在某城市郊区，基本风压值 $\omega_0=0.45\text{N/m}$，塔体表面光滑，混凝土强度等级为 $C25$，$E_c=280\times10^5\text{kN}/\text{m}^2$，钢筋采用 HRB335 钢。试在风荷载及不均匀日照作用下，完成底部截面弯矩设计值和承载力的计算（塔顶直径为 4.2m，塔底直径为 8.2m，塔筒厚度为 0.2m，塔高为 100m）。

7.2 修建于裹冰区的某电视塔，其顶部竖向钢桅杆的长度为 6m，直径为 400mm。基本裹冰厚度为 20mm。基本风压值 $\omega_0=1.34\text{kN}/\text{m}^2$，也即桅杆上的风荷载标准值。对于承载力极限状态，当裹冰荷载为第一可变荷载时，求在荷载效应的基本组合中桅杆底部的风弯矩设计值是多少？

参 考 文 献

[1] 中华人民共和国国家标准. 混凝土结构设计规范(GB 50010—2010)[S]. 北京：中国建筑工业出版社，2010.

[2] 中华人民共和国国家标准. 建筑抗震设计规范(GB 50011—2010)[S]. 北京：中国建筑工业出版社，2010.

[3] 中华人民共和国国家标准. 建筑地基基础设计规范(GB 50007—2011)[S]. 北京：中国建筑工业出版社，2012.

[4] 中华人民共和国国家标准. 建筑结构荷载规范(GB 50009—2012)[S]. 北京：中国建筑工业出版社，2013.

[5] 中华人民共和国行业标准. 建筑基坑支护技术规程(JGJ 120—2012)[S]. 北京：中国建筑工业出版社，2012.

[6] 中华人民共和国国家标准. 钢筋混凝土筒仓设计规范(GB 50077—2003)[S]. 北京：中国建筑工业出版社，2004.

[7] 中华人民共和国国家标准. 混凝土电视塔结构技术规范(GB 50342—2003)[S]. 北京：中国建筑工业出版社，2004.

[8] 中华人民共和国行业标准. 高层建筑混凝土结构技术规程(JGJ 3—2010)[S]. 北京：中国建筑工业出版社，2011.

[9] 东南大学，等. 混凝土结构设计原理[M]. 5版. 北京：中国建筑工业出版社，2012.

[10] 东南大学，等. 混凝土结构与砌体结构设计[M]. 5版. 北京：中国建筑工业出版社，2012.

[11] 朱彦鹏. 特种结构[M]. 武汉：武汉理工大学出版社，2004.

[12] 马永芹. 土木工程特种结构[M]. 北京：高等教育出版社，2005.

[13] 曹祖同. 钢筋混凝土特种结构[M]. 北京：中国建筑工业出版社，1987.

[14] 刘键行. 给水排水工程结构[M]. 北京：中国建筑工业出版社，1994.

[15] 东南大学，等. 土力学[M]. 3版. 北京：中国建筑工业出版社，2010.

[16] 叶红东，孙克. 基础工程[M]. 北京：中国机械工业出版社，2012.

北京大学出版社土木建筑系列教材(已出版)

序号	书名	主编	定价	序号	书名	主编	定价
1	*房屋建筑学(第3版)	聂洪达	56.00	53	特殊土地基处理	刘起霞	50.00
2	房屋建筑学	宿晓萍　隋艳娥	43.00	54	地基处理	刘起霞	45.00
3	房屋建筑学(上:民用建筑)(第2版)	钱　坤	40.00	55	*工程地质(第3版)	倪宏革　周建波	40.00
4	房屋建筑学(下:工业建筑)(第2版)	钱　坤	36.00	56	工程地质(第2版)	何培玲　张　婷	26.00
5	土木工程制图(第2版)	张会平	45.00	57	土木工程地质	陈文昭	32.00
6	土木工程制图习题集(第2版)	张会平	28.00	58	*土力学(第2版)	高向阳	45.00
7	土建工程制图(第2版)	张黎骅	38.00	59	土力学(第2版)	肖仁成　俞　晓	25.00
8	土建工程制图习题集(第2版)	张黎骅	34.00	60	土力学	曹卫平	34.00
9	*建筑材料	胡新萍	49.00	61	土力学	杨雪强	40.00
10	土木工程材料	赵志曼	38.00	62	土力学教程(第2版)	孟祥波	34.00
11	土木工程材料(第2版)	王春阳	50.00	63	土力学	贾彩虹	38.00
12	土木工程材料(第2版)	柯国军	45.00	64	土力学(中英双语)	郎煜华	38.00
13	*建筑设备(第3版)	刘源全　张国军	52.00	65	土质学与土力学	刘红军	36.00
14	土木工程测量(第2版)	陈久强　刘文生	40.00	66	土力学试验	孟云梅	32.00
15	土木工程专业英语	霍俊芳　姜丽云	35.00	67	土工试验原理与操作	高向阳	25.00
16	土木工程专业英语	宿晓萍　赵庆明	40.00	68	砌体结构(第2版)	何培玲　尹维新	26.00
17	土木工程基础英语教程	陈　平　王凤池	32.00	69	混凝土结构设计原理(第2版)	邵永健	52.00
18	工程管理专业英语	王竹芳	24.00	70	混凝土结构设计原理习题集	邵永健	32.00
19	建筑工程管理专业英语	杨云会	36.00	71	结构抗震设计(第2版)	祝英杰	37.00
20	*建设工程监理概论(第4版)	巩天真　张泽平	48.00	72	建筑抗震与高层结构设计	周锡武　朴福顺	36.00
21	工程项目管理(第2版)	仲景冰　王红兵	45.00	73	荷载与结构设计方法(第2版)	许成祥　何培玲	30.00
22	工程项目管理	董良峰　张瑞敏	43.00	74	建筑结构优化及应用	朱杰江	30.00
23	工程项目管理	王　华	42.00	75	钢结构设计原理	胡习兵	30.00
24	工程项目管理	邓铁军　杨亚频	48.00	76	钢结构设计	胡习兵　张再华	42.00
25	土木工程项目管理	郑文新	41.00	77	特种结构	孙　克	30.00
26	工程项目投资控制	曲　娜　陈顺良	32.00	78	建筑结构	苏明会　赵　亮	50.00
27	建设项目评估	黄明知　尚华艳	38.00	79	*工程结构	金恩平	49.00
28	建设项目评估(第2版)	王　华	46.00	80	土木工程结构试验	叶成杰	39.00
29	工程经济学(第2版)	冯为民　付晓灵	42.00	81	土木工程试验	王吉民	34.00
30	工程经济学	都沁军	42.00	82	*土木工程系列实验综合教程	周瑞荣	56.00
31	工程经济与项目管理	都沁军	45.00	83	土木工程CAD	王玉岚	42.00
32	工程合同管理	方　俊　胡向真	23.00	84	土木建筑CAD实用教程	王文达	30.00
33	建设工程合同管理	余群舟	36.00	85	建筑结构CAD教程	崔钦淑	36.00
34	*建设法规(第3版)	潘安平　肖　铭	40.00	86	工程设计软件应用	孙香红	39.00
35	建设法规	刘红霞　柳立生	36.00	87	土木工程计算机绘图	袁　果　张渝生	28.00
36	工程招标投标管理(第2版)	刘昌明	30.00	88	有限单元法(第2版)	丁　科　殷水平	30.00
37	建设工程招投标与合同管理实务(第2版)	崔东红	49.00	89	*BIM应用:Revit建筑案例教程	林标锋	58.00
38	工程招投标与合同管理(第2版)	吴　芳　冯　宁	43.00	90	*BIM建模与应用教程	曾浩	39.00
39	土木工程施工	石海均　马　哲	40.00	91	工程事故分析与工程安全(第2版)	谢征勋　罗　章	38.00
40	土木工程施工	邓寿昌　李晓目	42.00	92	建设工程质量检验与评定	杨建明	40.00
41	土木工程施工	陈泽世　凌平平	58.00	93	建筑工程安全管理与技术	高向阳	40.00
42	建筑工程施工	叶　良	55.00	94	大跨桥梁	王解军　周先雁	30.00
43	*土木工程施工与管理	李华锋　徐　芸	65.00	95	桥梁工程(第2版)	周先雁　王解军	37.00
44	高层建筑施工	张厚先　陈德方	32.00	96	交通工程基础	王富	24.00
45	高层与大跨建筑结构施工	王绍君	45.00	97	道路勘测与设计	凌平平　余婵娟	42.00
46	地下工程施工	江学良　杨　慧	54.00	98	道路勘测设计	刘文生	43.00
47	建筑工程施工组织与管理(第2版)	余群舟　宋会莲	31.00	99	建筑节能概论	余晓平	34.00
48	工程施工组织	周国恩	28.00	100	建筑电气	李　云	45.00
49	高层建筑结构设计	张仲先　王海波	23.00	101	空调工程	战乃岩　王建辉	45.00
50	基础工程	王协群　章宝华	32.00	102	*建筑公共安全技术与设计	陈继斌	45.00
51	基础工程	曹　云	43.00	103	水分析化学	宋吉娜	42.00
52	土木工程概论	邓友生	34.00	104	水泵与水泵站	张　伟　周书葵	35.00

序号	书名	主编		定价	序号	书名	主编		定价
105	工程管理概论	郑文新	李献涛	26.00	130	*安装工程计量与计价	冯 钢		58.00
106	理论力学(第2版)	张俊彦	赵荣国	40.00	131	室内装饰工程预算	陈祖建		30.00
107	理论力学	欧阳辉		48.00	132	*工程造价控制与管理(第2版)	胡新萍	王 芳	42.00
108	材料力学	章宝华		36.00	133	建筑学导论	裘 鞠	常 悦	32.00
109	结构力学	何春保		45.00	134	建筑美学	邓友生		36.00
110	结构力学	边亚东		42.00	135	建筑美术教程	陈希平		45.00
111	结构力学实用教程	常伏德		47.00	136	色彩景观基础教程	阮正仪		42.00
112	工程力学(第2版)	罗迎社	喻小明	39.00	137	建筑表现技法	冯 柯		42.00
113	工程力学	杨云芳		42.00	138	建筑概论	钱 坤		28.00
114	工程力学	王明斌	庞永平	37.00	139	建筑构造	宿晓萍	隋艳娥	36.00
115	房地产开发	石海均	王 宏	34.00	140	建筑构造原理与设计(上册)	陈玲玲		34.00
116	房地产开发与管理	刘 薇		38.00	141	建筑构造原理与设计(下册)	梁晓慧	陈玲玲	38.00
117	房地产策划	王直民		42.00	142	城市与区域规划实用模型	郭志恭		45.00
118	房地产估价	沈良峰		45.00	143	城市详细规划原理与设计方法	姜 云		36.00
119	房地产法规	潘安平		36.00	144	中外城市规划与建设史	李合群		58.00
120	房地产测量	魏德宏		28.00	145	中外建筑史	吴 薇		36.00
121	工程财务管理	张学英		38.00	146	外国建筑简史	吴 薇		38.00
122	工程造价管理	周国恩		42.00	147	城市与区域认知实习教程	邹 君		30.00
123	建筑工程施工组织与概预算	钟吉湘		52.00	148	城市生态与城市环境保护	梁彦兰	阎 利	36.00
124	建筑工程造价	郑文新		39.00	149	幼儿园建筑设计	龚兆先		37.00
125	工程造价管理	车春鹂	杜春艳	24.00	150	园林与环境景观设计	董 智	曾 伟	46.00
126	土木工程计量与计价	王翠琴	李春燕	35.00	151	室内设计原理	冯 柯		28.00
127	建筑工程计量与计价	张叶田		50.00	152	景观设计	陈玲玲		49.00
128	市政工程计量与计价	赵志曼	张建平	38.00	153	中国传统建筑构造	李合群		35.00
129	园林工程计量与计价	温日琨	舒美英	45.00	154	中国文物建筑保护及修复工程学	郭志恭		45.00

标*号为高等院校土建类专业"互联网+"创新规划教材。

　　如您需要更多教学资源如电子课件、电子样章、习题答案等，请登录北京大学出版社第六事业部官网www.pup6.cn 搜索下载。

　　如您需要浏览更多专业教材，请扫下面的二维码，关注北京大学出版社第六事业部官方微信（微信号：pup6book），随时查询专业教材、浏览教材目录、内容简介等信息，并可在线申请纸质样书用于教学。

　　感谢您使用我们的教材，欢迎您随时与我们联系，我们将及时做好全方位的服务。联系方式：010-62750667，donglu2004@163.com，pup_6@163.com，lihu80@163.com，欢迎来电来信。客户服务 QQ号：1292552107，欢迎随时咨询。